Commercial Design

Reading this is enough

陈根

编著

商业空间设计

看这本就够了 全彩升级版

化学工业出版社

·北京·

本书紧扣当今商业设计学的热点、难点和重点，主要涵盖了广义商业设计所包括的商业设计概论、国内外商业设计的发展概况、商业设计风格与流派、商业空间设计、公共空间展示设计、商业动线规划、商业软环境系统设计、商业环境标识系统设计、商业空间设计中的材料应用、商业步行街设计、当代商业设计新内涵及新零售催生出的商业新形态共12个方面的内容，全面介绍了商业设计及相关学科所需掌握的专业技能，知识体系相辅相成，非常完整。同时在本书的各个章节中精选了很多与理论紧密相关的图片和案例，增加了内容的生动性、可读性和趣味性，让人轻松自然、易于理解和接受。

本书可作为从事商业设计相关专业人员的学习参考书，还可作为高校学习商业设计、商业管理、商业营销与策划等方面的教材和参考书。

图书在版编目（CIP）数据

商业空间设计看这本就够了：全彩升级版 / 陈根编著. —北京：化学工业出版社，2019.9
ISBN 978-7-122-34814-2

Ⅰ．①商… Ⅱ．①陈… Ⅲ．①商业建筑－室内设计－空间设计 Ⅳ．①TU247

中国版本图书馆 CIP 数据核字（2019）第 136419 号

责任编辑：王 烨 项 潋　　　　美术编辑：王晓宇
责任校对：边 涛　　　　　　　　装帧设计：水长流文化

出版发行：化学工业出版社（北京市东城区青年湖南街 13 号　邮政编码 100011）
印　　装：北京东方宝隆印刷有限公司
710mm×1000mm　1/16　印张 15¼　字数 306 千字　2019 年 10 月北京第 1 版第 1 次印刷

购书咨询：010-64518888　　　售后服务：010-64518899
网　　址：http://www.cip.com.cn
凡购买本书，如有缺损质量问题，本社销售中心负责调换。

定　价：89.00 元

前言

消费是经济增长的重要"引擎"，是中国发展巨大潜力所在。在稳增长的动力中，消费需求规模最大，和民生关系最直接。

供给侧改革和消费转型呼唤"工匠精神"，"工匠精神"催生消费动力，消费动力助力企业成长。中国经济正处于转型升级的关键阶段，涵养中国的现代制造文明，提炼中国制造的文化精髓，将促进我国制造业由大国迈向强国。

而设计是什么呢？我们常常把"设计"两个字挂在嘴边，比方说那套房子装修得不错、这个网站的设计很有趣、那张椅子的设计真好、那栋建筑好另类……设计俨然已成日常生活中常见的名词了。2015年10月，国际工业设计协会（ICSID）在韩国召开第29届年度代表大会，沿用近60年的"国际工业设计协会（ICSID）"正式改名为"世界设计组织（WDO，World Design Organization）"，会上还发布了设计的最新定义。新的定义如下：设计旨在引导创新、促发商业成功及提

供更好质量的生活，是一种将策略性解决问题的过程应用于产品、系统、服务及体验的设计活动。它是一种跨学科的专业，将创新、技术、商业、研究及消费者紧密联系在一起，共同进行创造性活动，并将需解决的问题、提出的解决方案进行可视化，重新解构问题，并将其作为建立更好的产品、系统、服务、体验或商业网络的机会，提供新的价值以及竞争优势。设计是通过其输出物对社会、经济、环境及伦理方面问题的回应，旨在创造一个更好的世界。

由此我们可以理解，设计体现了人与物的关系。设计是人类本能的体现，是人类审美意识的驱动，是人类进步与科技发展的产物，是人类生活质量的保证，是人类文明进步的标志。

设计的本质在于创新，创新则不可缺少"工匠精神"。本系列图书基于"供给侧改革"与"工匠精神"这一对时代"热搜词"，洞悉该背景下的诸多设计领域新的价值主张，

立足创新思维而出版，包括了《工业设计看这本就够了》《平面设计看这本就够了》《家具设计看这本就够了》《商业空间设计看这本就够了》《网店设计看这本就够了》《环境艺术设计看这本就够了》《建筑设计看这本就够了》《室内设计看这本就够了》共8本。本系列图书紧扣当今各设计学科的热点、难点和重点，构思缜密，精选了很多与理论部分紧密相关的案例，可读性强，具有较强的指导作用和参考价值。

商业设计为商品终端消费者服务。在满足人的消费需求的同时又规定并改变人的消费行为和商品的销售模式，并以此为企业、品牌创造商业价值的都可以称为商业设计。

商业空间设计作为促进城市发展的一个重要方面，其设计不仅反映着自身的定位和主题，也体现出城市文化和品位。而且商业建筑、风格与商业类型都以公众评价和喜好为导向，更宜随着时代的发展和人们审美趣味的变化而不断地推陈出新。商业设计对时代和时尚的把握极其敏锐，可以说是城市格调和创新发展的风向标之一。

本书内容涵盖了商业设计的多个重要流程，在许多方面提出了创新性的观点，可以帮助从业人员更深刻地了解商业设计这门专业；帮助商业规划与开发商确定整体商业类型和风格个性方向，系统地提升商业空间的创新能力和竞争力；指导和帮助欲进入商业设计行业者深入认识产业和提升专业知识技能。另外，本书从实际出发，列举众多案例对理论进行通俗形象地解析，因此，还可作为高校学习商业设计、商业管理、商业营销与策划等方面的教材和参考书。

本书由陈根编著。陈道利、朱芋锭、陈道双、李子慧、陈小琴、高阿琴、陈银开、周美丽、向玉花、李文华、龚佳器、陈逸颖、卢德建、林贻慧、黄连环、石学岗、杨艳为本书的编写提供了帮助，在此一并表示感谢。

由于水平及时间所限，书中不妥之处，敬请广大读者及专家批评指正。

编著者

01 商业设计概论

02 国内外商业设计的发展概况

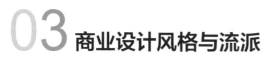

03 商业设计风格与流派

04 商业空间设计

05 公共空间展示设计

06 商业动线规划

07 商业软环境系统设计

08 商业环境标识系统设计

09 商业空间设计中的材料应用

10 商业步行街设计

11 当代商业设计新内涵

12 新零售催生出的商业新形态

第 11 章和第 12 章请扫 231 页二维码阅读

参考文献

01

商业
设计概论

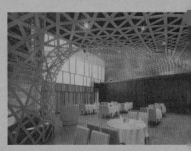

1.1 商业设计的概念

商业设计为商品终端消费者服务，在满足人的消费需求的同时又规定并改变人的消费行为和商品的销售模式，并以此为企业、品牌创造商业价值。

1.2 商业建筑的分类

商业建筑有多种分类方式。如按物业类型可分为持有型物业和出售型物业；按消费者群体可分为年轻时尚型、家庭型和高档精品型等。在所有分类方式中，比较典型的有两种，即按形态分类和按规模分类。

1.2.1 按形态分类

商业形态的发展有一个历史变迁的过程。以美国商业中心为例，在20世纪50年代以前，美国还是以商业街的形态为主，传统商业区都是由主街构成的，这种商业街保持着人车混行的格局。20世纪50 ~ 80年代，结合城市改造，城市中心出现了典型的商业步行街，把机动车排除在步行街之外。同时在郊区，初期购物中心形态开始形成。郊区的购物中心以超市和大卖场为雏形发展而来。20世纪90年代以后，综合性购物中心纷纷崛起，成为当今商业建筑设计的一大潮流，其典型特征是提供一站式的消费体验。

今天，尽管商业建筑形态依旧不断发展，以上三种主要的商业形态并没有消失，也没有完全被某一形态所垄断，而是结合区域特点、消费习惯等因素多元并存着。

（1）商业街

既有纯粹的商业步行街（或称为生活方式商业中心），也有人车混行的传统商业街。其主要特征是以开敞为主，公共空间一般不提供封闭的空调环境。因此，此类商业街对地域的气候条件要求较高，适宜于四季气候温和且雨量不多的地区，如成都太古里商业街区（图1-1），保留古老街巷与历史建筑，再融入2 ~ 3层的独栋建筑；川西风格的青瓦坡屋顶与格栅配以大面积落地玻璃幕墙。成都远洋太古里既传统又现代，营造出一片开放自由的城市空间。

（2）单主力店商业建筑

传统的商业建筑形态常常是单主力店形式，如百货、超市（大卖场）、电器商场等；有的以单主力店为主，略带些附属小店面，但小店面的比例极少，不足以形成购物中心的规模和结构。

● 图1-1　成都远洋太古里商业街区

　　如华润万象城四大主力店之一——Ole′，是中国最具规模的零售企业集团华润万家旗下高端超市（图1-2），它倡导贴近生活本源、自然、健康、精致的生活方式，集购物、餐饮、

●图1-2 华润万象城四大主力店之一——Ole'

●图1-3 德国勒沃库森市核心区购物中心

●图1-4 上海世博展览馆购物中心

休闲于一体，旨在为热爱生活，追求高品质的都市消费者提供一站式时尚、舒适的消费空间。Ole'品牌在2004年深圳万象城开首店以来，目前在香港、深圳、北京、宁波、杭州、上海共有十多家门店，未来也将把以往的成功经营模式与理念持续移植一线国际都市，以中高端消费群为目标客户，主要集中在有较高经济收入、追求健康高品质生活、喜欢尝试新鲜事物的都市白领。

（3）购物中心

购物中心是由一个或多个主力/次主力店结合一组小型零售店面共同形成的商业形态。其主力店所占面积比例一般为1/3 ~ 1/2，因此，可与零售店面形成良性互补。在商业品类上也包括零售、餐饮、娱乐等多种项目以满足顾客的多种消费需求。如德国勒沃库森市核心区购物中心（图1-3），适合不规则的地形，通过单一动线连接各个区域，在动线两个端点设置中庭，在不规划的区域设置主力店和次主力客户。

（4）综合性购物中心

在传统购物中心基础上还融入了娱乐、餐饮等多项功能，不再局限于单纯的购物行为，而主要体现多元的消费文化，并展示现代的休闲生活方式。尤其是娱乐业的加入，使购物中心变得更有特色，也更为丰富。图1-4所示为上海世博展览馆购物中心。

1.2.2 按规模分类

商业建筑的规模及其服务范围和消费人群的数量有关。常用指标有总出租面积（GLA）、服务半径和人口等。根据美国城市用地学会（ULI）2005年的数据，美国购物中心可分为如表1-1所列的四种类型。

表1-1　美国购物中心分类

类型	主力店[1]	GLA/万平方米	总GLA/万平方米	（约折合）总GLA/万平方米[2]	用地面积/万平方米	最小服务人口/万人	服务半径/km
邻里购物中心	超市（综合药房）	0.5	0.3 ~ 1	0.45 ~ 1.5	1.2 ~ 4	0.3 ~ 4	2.5（5 ~ 10min 车程）
社区购物中心	初级百货店（超市+百货）、大型折扣店	1.5	1 ~ 4.5	1.5 ~ 7	4 ~ 12	4 ~ 15	5 ~ 8（10 ~ 20min 车程）
区域购物中心	1 ~ 2个大型百货公司	4.5	3 ~ 9	4.5 ~ 13.5	4 ~ 24	>15	15（25 ~ 30min 车程）
超级区域购物中心	3个以上大型百货公司	9	5 ~ 20	7.5 ~ 30	6 ~ 40	>30	20

① 主力店：美国传统购物中心常含有一个以上主力百货店，但按照国内目前购物中心的设计情况，主力店不仅仅指百货店，也包括电影院、溜冰场等。因此，国内借鉴使用此表时，可把百货公司替换为其他主力店形式。

② 假定平面效率为0.06，"总GLA"一栏为推算后填写。

注：此表根据ULI2005年的数据整理而得。

我国商务部将购物中心分为社区型、市区型、城郊型三种，具体如下。

① 社区购物中心（Community Shopping Center）：是在城市的区域商业中心建立的，面积在5万平方米以内的购物中心。

② 市区购物中心（Regional Shopping Center）：是在城市的商业中心建立的，面积在10万平方米以内的购物中心。商圈半径为10 ~ 20km，有40 ~ 100个租赁店，包括百货店、大型综合超市，各种专业店、专卖店、饮食店、杂品店以及娱乐服务设施等；停车位在1000个以上；各个租赁店独立开展经营活动，使用各自的信息系统。

③ 城郊购物中心（Super-regional Shopping Center）：是在城市的郊区建立的面积在10万平方米以上的购物中心。

1.3 商业主要业态功能体

对于商业建筑来说，租户组合（Tenant Mix）是功能规划中的一个需要重点考虑的因素，也是商场创造其自身经营特色的重要策略之一。

租户组合也称业态规划。不同经营模式的租户类型，称为不同的业态。所谓业态规划，就是如何对商业项目进行功能分区和筹划，并对各类业态进行有效的组合，以实现业态的最佳配置。对于商业建筑设计来说，"大"的业态规划分区应先确定下来，然后再进行各业态的平面布局。因此，设计单位需先取得业主方（或商业顾问公司）提供的业态规划要求，这是展开下一步设计的关键。

常见的商业业态类型有：零售、餐饮、百货、超市、影院、溜冰场、美食广场、儿童乐园、电玩中心、KTV、家居城和电子商城等。每种业态对空间、位置和规模等都有着不同的要求。下面是最有代表性的几种业态。

1.3.1 百货

百货是指以经营日用工业品为主的综合性零售商店。图1-5所示为墨西哥利物浦百货公司。其特点是商品种类多样，兼备专业商店和综合商店的优势，便于顾客挑选，并满足顾客多方面的购物要求。主力百货是购物中心主力店中的重要一员。在我国内地，百货是发展得较早的一种商业业态。目前，在一些大型和特大型城市，随着购物中心等新的商业建筑的出现，百货逐渐趋于饱和，并进入缓慢发展阶段。而在一些中小型城市中，百货依旧是一种处于蓬勃发展中的主要商业形态。我国的百货品牌比较丰富，如王府井、百盛、友谊、太平洋、久光、银泰、君太、华润和新世界等。

● 图1-5 墨西哥利物浦百货公司

1.3.2 餐饮

"民以食为天",饮食是人类生存需要解决的首要问题。但在社会多元化渗透的今天,饮食的内容已更加丰富,人们对就餐内容的选择包含着对就餐环境的选择,就餐是一种享受,一种体验,一种交流,一种显示,所有这些都体现在就餐的环境中。因此,着意营造吻合人们观念变化所要求的就餐环境,是室内设计把握时代脉搏,饭店营销成功的根基。图1-6所示为丛林主题风格的Manami餐厅设计。

● 图1-6 丛林主题风格的Manami餐厅设计

1.3.3 展示

展示空间是指具有陈列功能的,并通过一定的设计手法,能有目的、有计划地将陈列的内容展现给受众的空间。图1-7所示为宝马(BMW)摩托车亚洲旗舰展厅。

展示空间包含以下几个类型:博物馆陈列空间,展览会、博览会空间,商品陈列空间,橱窗陈列空间,节庆、礼仪性空间和景点观光导向系统。其中,博物馆、商品陈列和景点观光导向属于长期性展示空间,展览会、博览会、橱窗和节庆礼仪环境属于短期性展示空间。

1.3.4 娱乐

娱乐空间是人们进行公共性娱乐活动的空间场所。随着社会经济迅速发展,娱乐空间的设计要求也越来越高。

● 图1-7 宝马(BMW)摩托车亚洲旗舰展厅

●图1-8　深圳安徒生童话KTV娱乐会所

娱乐空间包括电影院、歌舞厅、卡拉OK厅、KTV包房、电子游艺厅、棋牌室、台球厅等，也有将多个娱乐项目综合一体的娱乐城、娱乐中心等。图1-8所示为深圳安徒生童话KTV娱乐会所。

1.3.5 旅游

旅游空间包括酒店、饭店、宾馆、度假村等，近几年来得到了迅速的发展。

旅游空间常以环境优美、交通方便、服务周到、风格独特而吸引四方游客。对室内装修也因条件不同而各异。特别是在反映民族特色、地方风格、乡土情愁、结合现代化设施等方

●图1-9　巴黎左岸Henriette酒店

面，予以精心考虑，使游人在旅游期间，在满足舒适生活要求外，了解异国他乡民族风格、扩大视野、增添新鲜知识，从而达到丰富生活、调剂生活的目的，赋予旅游活动游憩性、知识性、健身性等内涵。图1-9所示为巴黎左岸Henriette酒店。

1.3.6 观演

观演建筑包括的内容极其广泛，如歌舞、音乐、戏剧、电影、杂技……是群众文化娱乐的重要场所，常用作城市中主要的公共建筑而屹立于市中心或环境优美的地段，成为当地文化艺术水平的重要标志。图1-10所示为不明飞行物——荷兰格罗宁根Infoversum影剧院。

● 图1-10 不明飞行物——荷兰格罗宁根Infoversum影剧院

02

国内外商业设计的发展概况

2.1 中国的商业设计发展概况

2.1.1 我国商业建筑的发展历史

我国商业建筑的发展经历了从百货店到超市再到购物中心等集聚型商业形态的转变过程。我国最早的一家百货店在1900年诞生，是俄国人在哈尔滨开设的秋林商行。到20世纪80年代，中国百货业经过了一个缓慢的发展过程。20世纪90年代初，中国百货店数量迅速增加，一批现代化的百货店纷纷涌现，如1992年开业的北京燕莎友谊商城（图2-1）和赛特购物中心，1993年

● 图2-1　北京燕莎友谊商城

开业的上海东方商厦等，百货店的发展进入黄金时期。但不久，在迅速发展的同时，百货店市场开始趋于饱和，同质化竞争加剧，导致百货店开始走下坡路。20世纪90年代末纷纷崛起的购物中心更使百货业受到巨大冲击，中国百货店不得不考虑转型或变革。

我国超市在20世纪80年代出现，之后一直到2000年，是超市飞速增长的黄金时期。但从2001年以后，随着超级市场的逐渐饱和（尤其是大型超市和仓储式超市），超市发展空间日渐萎缩，新兴的超市越来越多地与新建购物中心相结合，并成为其主力店。

相对于欧美国家和日本来说，我国购物中心起步较晚。购物中心的兴起可以追溯到20世纪90年代中期，当时一批香港房地产巨头（和记黄埔、新世界、恒基、太古、恒隆集团等）在北京、上海等大城市的核心商圈纷纷兴建高档办公楼。这些办公楼附带的大面积商业裙房成了具有香港特色的购物中心（Shopping Center）或购物广场（Shopping Plaza）。这些商业业态复合度低，面积也小，是不完全的购物中心。而且由于当时内地除服装、超市之外，其他行业的连锁商家品牌很少，使得这些香港式购物中心招商困难，经营状况很一般。但在20世纪90年代末期，我国开始出现了一批业态复合度较高、规模也较大的购物中心，如上海友谊南方商城、北京新世界中心等。当时同时诞生了一批发育不良、先天不足的"购物中心"。原则上购物中心只租不售，但一些开发商为了短期利益采取分割出售的方式，违背了购物中心

●图2-2　深圳铜锣湾广场

基本原则，最终造成了购物中心后期管理的失控。在这一阶段探索的基础上，2000年以后，我国的购物中心开发进入了全面发展时期，直到今天依旧方兴未艾，出现了一批具有标杆意义、追赶国际水准的现代购物中心，如深圳万象城、深圳铜锣湾广场（图2-2）等。其中深圳铜锣湾广场堪称内地首家连锁购物中心。另外，泰国正大集团，我国大连万达、上海华联、北京华联、香港新世界集团等都计划在全国搞连锁购物中心。我国的购物中心发展进入了一个新的发展阶段。

目前我国购物中心从早期的特大型城市，如北京、上海开始向省会级城市甚至一些县级市、新兴商业城市蔓延，各地政府也逐渐认识到购物中心这样的商业形态对当地城市发展和居民消费力的提升作用，"购物中心热"在全国各地有愈演愈烈之势。

2.1.2 我国购物中心的发展现状及其特征

（1）积极探索开发模式

我国购物中心的快速发展至今不过十年左右的时间，尚未全面进入购物中心发展的成熟期，因此，国内对于购物中心的开发模式尚处于探索阶段。我国内地购物中心的发展模式较多地受到我国香港地区和美国购物中心的影响。香港的购物中心主要集中在市中心，是以地铁等公共交通枢纽为核心发展起来的。香港的购物中心开发模式主要强调以下几点。

① 采用综合开发模式　商业地产与住宅、高级办公楼、酒店等地产整合，以商业带动综合地产开发。香港很多地方走的是综合开发的模式，如香港的海港城（图2-3），是香港一个大型建筑群，南至尖沙咀天星码头，北至中港城。由于它是香港最大面积的购物中心，因此，也成为了游客的观光购物景点之一。每逢星期六及星期日，都会有逾15万人次进入商场，其中包括当地居民、外地游客。而平日亦有超过6万人于上盖的办公大楼上班。该商场拥有表演及展览小场地，商场亦举办"Music in the City"，每逢星期六、星期日邀请乐队或在商场内演奏乐曲。海港城在圣诞节和农历新年等节日，都会把广场布置得具有浓厚的节日气氛，而布置重点都放在近尖沙咀天星码头的入口。海港城南面入口前的五支旗杆，是市民集合及民

间活动的热门地点。这些综合地产同时采用分期开发的模式，有助于降低投资风险，如海港城、太古城中心、时代广场、又一城等均采用了分期开发策略。

●图2-3　香港的海港城

② 紧密结合公共交通　这也是香港模式购物中心与北美郊区模式购物中心的一大区别。这种开发模式非常适合公共交通，尤其是地铁交通发达、人口密度高的香港。

③ 购物中心向空中发展　香港的购物中心建设为了高效地利用土地，地上商业一般有5 ～ 7层（有些甚至达10层），地下商业有2 ～ 3层，停车场则位于地下3 ～ 5层，容积率相当高。通过业态的合理布局和垂直交通的组织把客流带入高区，以各种手段努力提升高区收益。

④ 创造鲜明的主题特色　香港购物中心密度之高也是世界闻名的，常常可以看到仅一站地铁之隔就有一个大型的购物中心，甚至有的地铁站还连接几个购物中心。但即使在如此高密度的购物中心布局情况下，各家还能共存共荣，其中的原因在于各个购物中心强化自身特征和主题打造，实现差异化经营，并与周边社区和市民生活紧密结合，融入香港市民的衣食住行之中，成为人们的购物、娱乐、休闲、交往场所。内地的一些购物中心品牌，如万象城（图2-4）、大悦城等采用和借鉴的基本都是香港模式，从投资开发到业态组合均有深刻的香港模式的烙印。

北美的郊区购物中心模式由于不符合中国国情，很少能直接运用于中国的购物中心开发设计。北美的郊区模式，配备有大面积的停车场，层数较低（1 ～ 3层为主），以1 ～ 6个百

●图2-4　万象城

货店为其主力店等，这些特征与我国某些发达地区的地理、人口特征有较大出入。但北美作为世界购物中心和商业发展最成熟、最先进的代表，它的很多经营理念、原则、投资开发模式还是非常值得学习和借鉴的。

我国地域广博，地区差异较大，在购物中心未来发展中还需因地制宜地探索更好的、更适合当地的购物中心开发设计模式。现在我国的购物中心主要在人口密度高、商圈较成熟的特大型或大型城市中率先发展起来，遵循的模式以香港模式为主。未来随着社区型、邻里型等中小型购物中心的发展，需要探索更为多样的购物中心模式，以适应我国快速发展的商业市场。

（2）与城市公共交通密切结合

大型商业建筑要运作成功，离不开便捷的交通。考虑我国现在地区发展尚不平衡，购物中心等大型商业综合体将首先在一些发达城市和地区建成。这些发达城市人口稠密，单位土地价值高，而小汽车普及量却远不及美国，不可能发展美国的郊区模式，奢侈地建设低层仓储式大型商业建筑，并配备大面积的地面停车场。我国的商业建筑，尤其是购物中心开发，必须充分利用城市公共交通设施，如轨道交通、公交巴士等。国内就有得益于地铁上盖等独特位置而成功的购物中心先例。有些购物中心甚至与两条或两条以上的轨道交通线换乘站相结合。如南京新街口站是南京地铁1号线和南京地铁2号线的换乘车站，是亚洲最大的地铁站，位于"中华第一商圈"新街口的中心区域，为地下三层岛式车站，站台设在负三层，负二层为站厅层，负一层为商业层。新街口站共有24个出口（图2-5），分别通向地面和新街口地区多家大型商场的地下层，构成一个庞大的地下交通商业系统。

（3）与综合开发相结合

我国商业建筑开发除了小体量、小规模的商业形态，如独立的百货店、超级卖场等之外，常常与综合开发相结合。综合开发整合多种物业，如商业、住宅、办公、酒店等，并采用分期开发、渐进式开发的模式，减轻了投资压力，控制了资金风险，对中国发展现状来说是一种较为稳妥的方式，也是很多开发商普遍采用的方式。商业不同于别的物业，它的市场是需

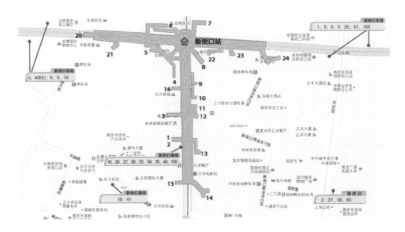

●图2-5 南京新街口出站口设计

要培育的，前期投入成本较大，但一旦市场成熟，商业运营进入稳定期后，它的回报也是相当丰厚的。商业的繁荣同时又提升了周边的物业价值，具有较强、较持久的辐射效应。因此，含有商业的综合开发应尤为重视前期的总体规划，平衡好各个物业在总体布局、量上的关系，这对未来的发展举足轻重。

2.1.3 国内对商业地产开发设计的认识误区

商业地产是一个相当专业的领域。目前国内不管是开发商、设计师还是运营商都或多或少地对商业地产的特点存在一些认识上的误区，进而导致设计操作上的失误。

（1）近期利益与远期利益的平衡

很多商业地产开发商都对持有出租还是分割销售物业产生过困惑。这一困惑有其客观原因存在，资金实力、专业水平以及发展战略等因素决定了中国的开发商在面对商业地产开发时经常陷入近、远期利益两难平衡的困扰。

美国大型购物中心的规划、投资、开发和出租经营，均由行业强势专业机构操作。开发商在建设完成后通过出租商铺并收取租金的方式获得投资回报，并且由开发商自己的购物中心管理公司来管理或委托其他专业管理公司来统一管理。购物中心的资金来源，主要包括购物中心投资商、开发商、购物中心专业管理公司、商业投资者以及其他金融机构的股权投资和贷款（如社保基金等长期基金）等。由于美国商业房地产金融市场比较健全，以出售商铺的形式来融资的情况很少。

相比之下，我国大型商业项目和购物中心开发商综合实力普遍较弱，资金缺陷和融资模式的有限直接限制了其采用美国式以出租为主、销售商铺再返租为辅的开发模式，而采用了有中国特色的两种普遍的投资模式："统一开发、分割销售、返租经营"和"租售结合"。这种权宜之计尽管解决了大部分开发商初期资金流的问题，但隐藏着未来购物中心管理运作的风险，项目的整体形象可能受到损害，长期的投资回报也可能会大打折扣。

在现今的开发模式下，购物中心设计者就必须为开发商考虑便于分割销售以及结合租售两种方式的商业布局，使同一个项目中租售两方互惠互利，同时又尽量减少其负面影响。

（2）商业地产规划设计的系统性和专业性

商业地产从规划设计到建成运营是一个系统工程。仅设计一项就涉及多个部门（包括建筑、室内、景观、灯光、标识等）之间的合作，前期规划也需多个顾问单位（如商业策划公司，交通、消防、机电等顾问公司）参与。这对开发商和设计单位的专业性要求都很高。必须认识到商业地产开发与别的地产开发有许多不同之处，在投资、策划、设计、运营方面都有不同的模式、流程和步骤，需要对市场、商业运作规律等有一定的专业知识储备。国外的购物中心投资开发商都是非常专业的，有购物中心投资商、开发商、经营商的综合背景。在项目建设前，基本上就要确定70%左右的入驻商户。而我国许多开发商对商业地产认识还相当粗浅，投资盲目，往往是到项目建成一定程度后才开始招商或销售，导致项目销售、经营风险增大。

（3）商业地产开发要因地制宜和因时而异

商业地产开发前期应做好市场调查和预测工作，商圈分析和周边竞争性商业分析必不可少。在此基础上确定商业项目的定位、开发规模、业态构成等重要方面。有些开发商直接把国外或别处成熟的模式生搬硬套过来，而不顾当地的规划条件、市场基础，这是无法确保项目成功的。随着购物中心开发从一线城市逐渐转向国内的二三线城市，一些中小规模的购物中心、与社区生活结合紧密的生活时尚型购物中心、奥特莱斯购物中心等形式将越来越多地出现，与早先的封闭式购物中心一起呈现出多样化的格局。开发商和设计单位在做商业规划时不可墨守成规，而应因地制宜、因时而异。

2.2　国外的商业设计发展概况

2.2.1　欧美商业建筑发展概况

欧美国家现代商业建筑的源头可以追溯至19世纪末，商业建筑的发展一直与商业模式的发展密切相关。19世纪初，传统的零售经营方式是以肩挑小贩、摊贩、集市、自制、自售、乡村杂货等形式为特征的。1852年，法国巴黎诞生了第一家百货店——博马尔谢商店（图2-6）。它摆脱了小生产的经营方式，实现明码标价售货、现金交易。在博马尔谢商店，顾客可以毫无顾虑地、自由自在地进出；店内陈列大量的商品，以便于顾客挑选；商品销售采取"薄利多销"的原则。

●图2-6 博马尔谢商店

百货店初期因其具有商品品类多、购物环境好的特点而蓬勃发展，但之后在欧美国家经历了一个由兴到衰的过程。小汽车的大量普及和郊区化发展，催生出新型的商业形态，如大型超市、购物中心等，百货店受到巨大冲击。第二次世界大战之后，很多百货店难以为继，纷纷倒闭，从此，百货店成为退居二线的商业形式。如今，欧美国家的百货店从目标客户对象来说，基本以中产阶级为主，价格、档次相对较高，服务较为讲究。为适应市场、谋求新的发展，百货业也在不断地调整自身的经营方式。

最早的超级市场出现在20世纪20年代的美国，之后在欧美国家几乎遍地开花，并于20世纪四五十年代成为当时的主流商业建筑样式之一。美国超级市场的发展与当时每家每户拥有小汽车和冰箱的情形有关。人们来到郊区的超级市场，一次购买较多的食物并带回家储藏起来。这一生活习惯使超级市场迅速发展。超级市场的规模越做越大，商品品类也越来越丰富，包括食品、日用品、电子产品等各个门类。超市经营也开始连锁化，并出现了许多大型的甚至10000m²以上规模的超市。随着超市数量的增多，竞争也日趋激烈，市场逐渐趋于饱和。购物中心这一集聚型商业形态出现后，超市纷纷转向购物中心，并与之整合。如今，许多超级市场已成为购物中心的主力店之一。

购物中心作为一种高级的商业形态是在百货店和超级市场之后产生的。1925年，美国密苏里州堪萨斯城的郊区出现了世界第一家购物中心——乡村俱乐部广场（Country Club Plaza）。1931年，得克萨斯州的达拉斯高原广场购物城（Highland Park Shopping Village）建成，并被认为是世界上第一个标准的购物中心，因为它符合现今美国国际购物中心协会对购物中心的基本描述：该购物中心由单一所有权人统一管理，并拥有综合性的商业业态，如购物中心里包括零售商店、银行、美容店、发廊、电影院、办公楼等。之后，在经历一段较长时间的成长与发展后，到20世纪七八十年代，建造购物中心又开始成为美国旧城复苏的一项重要措施。人们称之为"节日市场"（Festival Market），并认为它是城市中心最具吸引力的消费场所。当时比较著名的购物中心有纽约的南街海港（South Street Seaport）购物区（图2-7）、巴尔的摩的海湾港口场地（Harbour Place）购物中心等。

● 图2-7　纽约南街海港购物区

● 图2-8　加利福尼亚新港市时尚岛休闲购物中心

20世纪八九十年代，美国的购物中心又经历了一次迅速发展，此时主题性购物中心大量出现，典型案例有加利福尼亚新港市（New Port City）的时尚岛（Fashion Island）休闲购物中心（图2-8）。时尚岛购物中心汇聚二百多家世界顶尖名牌商品服饰，大型百货公司包括Neiman Marcus、Bloomingdale's、Macy's Women's Store，并有Chanel、Armani和Calvin Klein等名牌精品店等，满足挑剔购物者的需求。此外还有四十多家高级餐厅、同时播放七部电影的大戏院和农产品市场。露天中庭也经常举办各种娱乐活动和表演，例如夏天爵士音乐会和点树灯等。

与美国郊区化购物中心模式不同，欧洲的购物中心发展有其自己的特点。以英国为代表的欧洲国家，为防止城市无限膨胀，通过立法保护郊区绿带，购物中心这一商业形态主要在城市中心盛行。以英国为例，该国的购物中心发展经历了三个阶段：第一阶段，主要结合城市重建和更新进行；第二阶段，主要在新城新建商业中心区中建设购物中心；第三阶段，通过运行封闭式购物中心大面积更新城市市区。如今，购物中心已成为欧美国家的主流商业模式，占据了当地零售市场50%以上的市场份额。

我们从欧美等国，尤其是美国的商业建筑发展历史，可以得到一些经验和启示。

（1）商业建筑设计应与城市发展需求相协调，整体的商业规划必不可少

北美在20世纪80年代曾上演过轰轰烈烈的"造Mall"运动。在这场运动中，充分展示出在利益的诱惑和驱动下，理性与非理性之间的较量，科学与盲目之间的竞争。商业规律表明，再成功的商业模式在大量简单地复制后也会失败和衰亡。美国的郊区购物中心在刚兴起时，曾经创造了辉煌的成功但如今，很多郊区购物中心在激烈的竞争后走向萧条。由于缺乏客流和资金维护，一些购物中心经营惨淡。我国购物中心建设虽然刚刚起步，但也不能一哄而上、贪大求多，应进行商业调查，包括城市人口的购买力调查及商圈分析，科学选址，合理确定商业规模。政府应适当参与调控，减少盲目投资，对商业网点谨慎规划、严格引导，使城市商业建筑走上良性发展之路。在美国，除区域型购物中心外，还有很多邻里型与社区型购物中心。据有关机构统计，这两类的购物中心网点数量和面积分别占购物中心总量的95%和70%。邻里型购物中心主要为满足周边街道居民每天的生活需要，提供便利商品（如食品、药品、杂货等）和个人服务（如洗衣、理发等），其主力店可能就是一个超市。而社区型购物中心的服务范围相对更广一些，一般设有一个小型百货店、超市、折扣型百货店，甚至会设一个较强的专业商店等。我国尽管目前城市化发展迅猛，在一线城市或一些二三线城市中心率先出现了大型的购物中心或商业综合体，但未来，总体上小型购物中心比重将会逐步提高。商业规划将越来越注重对社区消费需求的挖掘，建筑面积在7万平方米以下的中小型购物中心可能成为主流。

（2）加强商业建筑的专业化设计及日后的更新改造

相比美国，我国目前从事商业地产设计的专业机构总体上比较少。很多国内设计院在设

计商业建筑时套用普通民用建筑的设计方法，专业性不强，重外形而轻布局，无法满足物业的商用需求。同时，商业建筑方面的设计规范和行业标准往往落后于商业形式，也阻碍了商业建筑设计的发展。另外，国内许多新从事商业地产的开发商，缺乏商业地产开发经验，在刚开始规划设计的时候，没有重视商业建筑设计的专业化要求，而到规划设计完毕后一招商，问题接踵而至，以致出现招商困难的严重局面，不得不重新修改设计。更有甚者，在建成后，才发现商场运营效率低下，但是大量的时间和金钱成本已经付出。专业的商业建筑设计公司为业主提供的服务不仅仅是一个建筑设计方案，同时也在为业主挖掘和创造商业价值。没有专业化的设计，商业建筑未来的运营也就缺乏坚实的基础和保障。

商业项目除了要重视最初的设计之外，在建成运营一段时间之后，也需要进行必要的翻新。大体上翻新周期为7～10年，但最多不超过15年。适时的翻新能使商业建筑保持新鲜感、特色和市场竞争力。国内目前大多数购物中心建成时间在10年以内，还没有全面进入翻新阶段，但可以预见不久的将来，很多购物中心尤其是20世纪90年代末到21世纪初建成的购物中心都将有改造、翻新的需求。在这方面，可以借鉴美国成熟的购物中心的做法。购物中心的翻新项目包括室内装修、业态重组、立面更新等。

（3）注意发挥混合优势，规划好业态及其配比

美国商业建筑的主流形式从过去的百货、超市这样的专一业态的店，发展到今天业态混合的购物中心，这一发展轨迹充分体现出综合性商业业态逐渐成为一种趋势。业态混合的优势在于它可以为购物人群提供丰富多样的选择，满足人们多种消费需求，孕育出一个更具活力的公共活动场所。美国现今的百货、超市等业态纷纷加入购物中心，成为购物中心里的主力店，也是为了利用业态的互补性和集约性为百货、超市的生存谋求更大的空间。因此，针对当下中国方兴未艾的购物中心发展潮流，更应充分研究业态的组合与配比，以发挥购物中心的业态混合优势。

我们在考察美国的购物中心时，会发现许多大型购物中心拥有两个甚至两个以上的主力百货店，如Mall of America（图2-9）——美国最具规模的一个封闭式购物中心，总建筑面积超过42万平方米（可出租面积超过25万平方米），拥有四个本地的百货公司：Macy's、Bloomingdale's、Nordstrom和Sears，它们分别配置在购物中心内四个角落。北美最大的购物中心——加拿大的西埃德蒙顿购物中心（West Edmonton Mall）建筑面积约50万平方米，有八个主力百货店。美国加州最大的购物中心南海岸广场（South Coast Plaza）（图2-10）有六家主力百货店，其中包括Sears、Robinsons-May等，分别占据四角，各店面积均在1万平方米以上。

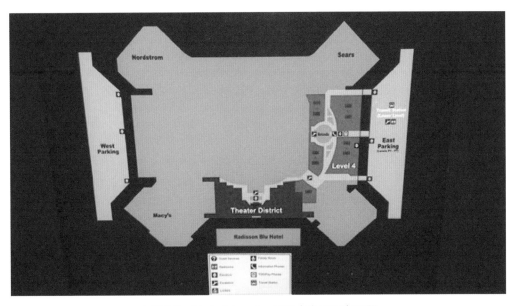

●图2-9　Mall of America购物中心平面布局图

而在我国，购物中心中的主力百货店一般只有一家，有些甚至没有，而且近年来主力百货店还有逐渐消失的趋势。平衡主力店与非主力店的比例关系是国内购物中心建设时经常遇到的问题，原因是主力店和非主力店的量不管谁多谁少，都会有利有弊。比如说非主力店多、主力店少，租金收益可能增加了，出租灵活性高了，但除非该项目位于成熟商圈，否则初期的招商难度

●图2-10　美国加州最大的购物中心南海岸广场

和压力会较大；相反，主力店多、非主力店少，虽然一开始主力店的进驻对于带动项目招商以及提升物业价值有利，但会牺牲开发商不少的投资利益，且未来10年甚至20年租期内租金回报都可能较低。

对于任何一个购物中心来说，合理规划主力店所占的比重对于投资和运营都十分重要。每个项目都会因为自身的特点而有所不同。但一般规律是，所在商圈越成熟，其主力店比重

会越低。对于市中心等商业相对发达的地段，其主力店比例一般在30%左右，甚至更少；一般地区可设定在50%左右。而某些社区型或邻里型的购物中心可达70%。主力店的构成也可根据购物中心的定位、规模等进行策划，比如超市、超市+百货、超市+百货+影院等不同的组合方式。

（4）尊重商业规律，敏感捕捉消费市场的变化

商业建筑设计应尊重商业规律。美国百年的现代商业建筑发展史构建了一个相对完善的商业地产体系，拥有一批著名的以商业零售为主业的开发商，如购物中心发展商Rouse、Chelsea、Westfield Holdings、Rodamco North America公司等。Westfield Holdings是世界上最大的购物中心发展商与运营商，旗下拥有美国39家、澳大利亚30家、新西兰11家、英国7家共87家Westfield Shoppingtown购物中心（图2-11），总面积超过600万平方米，合作商户超过13600家。2002年1月Westfield美国分公司又收购了另外28家购物中心，至2010年年底，它已投资开发了119座购物中心，总营业面积超过1050万平方米。美国弗吉尼亚州的Mills公司，在全美有7家大型购物中心和11家社区购物中心。美国JBM不动产机构在美国和加拿大投资并经营管理着几十家大型购物中心，旗下购物中心的面积达到800万平方米。

由于我国商业环境刚刚培育起来不久，整个产业从投资开发到设计、管理、运营都还很不成熟。国内具有现代水平的购物中心诞生于20世纪90年代中期，当时主要是以香港地产综合企业为代表的购物中心发展商和投资机构陆续进入上海和北京等核心商业城市，开始打造第一批体现现代购物中心理念的商业建筑。经过十多年的发展，我国内地产生了一批热衷于购物中心开发的发展商，如华润置地、万达等。他们通过借鉴国外和我国香港成熟的商业模式与经验，根据我国本土商业发展现状研究出一套引领市场的购物中心开发模式。这些模式成功与否还需经过更长时间的市场检验。但不管遵循哪种模式，都应该尊重商业的客观规律，否则任何意义上的"创新"都会失败。美国购物中心协会就曾提出过一个购物中心成立的必要条件，包括以下几个方面。

① 统一的建筑设计和中央管理。

② 提供多样化的货品（不同价位、品质等）与消费内容服务。

③ 统一的内部商店建筑配置和未来发展安排。

●图2-11　Westfield Shoppingtown购物中心

④ 富有建筑特色并与社区相融合。

⑤ 有吸引顾客的景观设计和安全考虑。

⑥ 顾客与货品出入口分离。

⑦ 有方便汽车和行人的进出口。

⑧ 有足够的停车位等。

其中特别强调的方面是统一设计与运营管理、多样性和便利的交通条件，这些因素是设计一个购物中心的基本原则。那么，我们应在不违背这些基本原则的基础上结合国内实际情况，找到切实可行的措施和方法。如便利的交通条件这一原则，对于美国等汽车拥有量比较高的国家来说意味着必须设置足够大的停车场和充足的停车位，而对于我国人口众多但小汽车拥有量不是很高的情况，应首先考虑充分利用公共交通和步行系统。

在遵循商业规律的同时，我们也应看到商业地产如同商业市场一样瞬息万变。尽管中国的商业地产起步较晚，但近年来发展势头迅猛，3～5年就是一个变化周期。在这种情况下，商业建筑规划设计更不能故步自封，而应该主动地捕捉零售市场的变化，做出引领市场的建筑设计。如今，人们越来越注重购物的同时享受休闲、娱乐等活动，催生了购物中心中大量的休闲娱乐业态，其比重还在逐渐增加。如加

● 图2-12　加拿大的West Edmonton购物中心

拿大的West Edmonton购物中心（图2-12），除了有各种生活日用品专卖店、餐馆等设施外，还有人造海滩、影院、赌场、三星级宾馆等；同时，设置了一些免费的娱乐性服务项目来吸引客流，如哥伦布发现新大陆使用的复制船展示、水生动物展、乐队表演等。丰富多样、精彩纷呈的休闲娱乐活动充分满足了人们的各种消费需求，并延长了人们在购物中心逗留的时间。这也体现出大型购物中心作为一个综合性的消费场所所具有的高度专业化与高度综合化并存的成熟性结构特征。这种休闲娱乐消费理念在国内也越来越受到重视，主题化购物中心也开始出现了。目前，购物中心设计的同质化局面在未来几年内可能会被主题化、特色化的理念所打破。

2.2.2 日本的商业设计发展概况

日本作为亚洲发达国家的代表，其商业的繁荣和发展历程也有其自身的特点。日本现代零售业最早也是从百货店的发展开始的，日本百货业起源于1904年三越株式会社和服店改建的百货店。1914年，三越百货店正式在东京开张，这标志着作为实体形态的百货店在日本诞生了。日本百货店顺应了当时日本城市人口增加、电铁等交通发达以及建造技术进步（建造大型店铺成为可能）的社会环境，得到迅速发展，但1929年美国爆发的经济危机和其后（1937年）日本国内出台制约百货店的第一部《百货店法》及1956年出台的第二部《百货店法》，使得百货店一直在限制条件下发展。尽管如此，百货业依靠其提供的良好购物环境、增加服务内容、实行集中采购、开办分店和扩大连锁特许经营网点等措施，保持着大型化和多店铺化的快速发展。从20世纪50年代起，百货店一直在零售业中保持着大型零食店的优势地位。在20世纪90年代后期，随着日本经济泡沫破裂，日本的百货业也逐渐呈现出越来越大的经营问题。一方面是由于泡沫经济引发的通货紧缩使消费需求长期不足，另一方面是由于同行竞争日趋激烈，专业店、综合超市等零售业态的快速增长剥夺了百货店大量的市场份额。在这种局面下，日本百货业采取了新的策略。如加速行业合并，通过合并和重组巩固百货业的销售地位；细分目标顾客，更注重个性化服务，打造不同于综合超市及购物中心的百货店特色；选择开辟成本小、参与式、比一般综合百货店规模小的专业百货店；一些百货店加快进驻购物中心，成为购物中心的主力店铺等。正由于采取这些对策，日本的百货业如今基本处于一种稳定发展的状态。

日本的购物中心同美国一样，也是在百货业之后发展起来的。最早的购物中心是1969年建设的玉川高岛屋，但那时的购物中心理念仍未摆脱百货公司格局的影响。早期的购物中心大都是以火车站点周边为中心开发起来的。20世纪70年代中期到80年代初期，日本进入了购物中心快速增长期，经过整体规划、景观设计以及统一经营管理的大型购物中心开始成为主流。欧美模式引入日本后，购物中心的主战场转移到了郊外。20世纪90年代，日本购物中心持续快速发展，同时日本零售业管制政策开始放宽。在20世纪90年代，日本新增了1007家购物中心，建成量约占现在购物中心总量的40%。2000年6月，日本开始实施《大店立地法》，对购物中心在交通堵塞、交通安全、停车设施、噪声、废弃物、废气排放等环境保护方面提出了更高的要求。在这些严格要求之下，新建大型购物中心开始逐渐减少。2004年以后，日本购物中心的发展趋于稳定。

日本现代商业建筑的发展轨迹给予我们诸多启示。

（1）零售业政策和政府规划对商业发展导向具有重大影响

半个多世纪以来，日本零售业政策尤其是大店政策充分反映了日本政府高度重视和积极参与零售业导向的姿态。日本的大店政策经历了从限制零售业竞争到鼓励零售业竞争，从限制外资进入零售业到渐进开放零售市场，从单纯控制零售营业面积到全方位考虑零售大店与城市功能、社区环境、综合交通和环境保护等的综合关系的发展历程。1937年施行的第一部《百货店法》对百货店的营业、分店的设立、面积的增加、外出销售等采取许可证制，并用法律形式规定了百货店营业时间和休业日，目的就是为了保护中小零售企业的发展。第二次世界大战之后的1947年，日本为鼓励商业复苏废止了第一部《百货店法》，放宽对百货店的控制。但之后大小店铺矛盾日益加剧，1955年不得不颁布第二部《百货店法》，重新对百货店发展作出种种限制。随着20世纪六七十年代从欧美引进的新型零售业态，如大型购物中心等在日本快速发展，对中小零售业形成新的冲击，1973年日本政府又颁布了《关于调整大规模零售业活动的法律》（简称《大店法》），于1974年3月1日正式实施，同时废止第二部《百货店法》。该法的实施进一步扩大了限制范围，除了包含原有的百货店外，大型购物中心、大型量贩店也被纳入限制范围。另外，《大店法》也限制了国际资本进入日本零售业市场。这也使日本因没有多少欧美零售大店的进驻而故步自封，在经营方式、经营技术、城市布局、功能配套、环境保护等方面大大落后于欧美零售大店。20世纪90年代，随着日本"大停滞时代"的到来，大超市、大百货店相继破产，《大店法》已不能适应零售业发展的需要。同时，美国等发达国家对日本大型商店限制政策提出强烈批评，日本政府被迫在政策上作出改变。2000年6月1日，《大规模零售店立地法》（简称《大店立地法》）正式实施，同时废止《大店法》。该法律从全面规范零售业发展的目的出发，对零售大店的开设提出了质量上、社会规范上的要求，如提出停车场设置、废弃物处理、噪声消减、环境保护、融入社区等更高的标准。这些标准大大提升了大店包括大型购物中心等的规范化设计，当然也增加了大店的开设成本，但从长远来看，这对于促进零售大店良性发展、社区和谐有一定的帮助。如今新兴的日本购物中心必须担负起更多的社会责任，这对于城市的可持续发展具有极大的意义。

从上面的分析可以看出，日本政府的政策导向和法律规范对零售建筑开发和设计有重要的影响。对大型商业体，尤其是大型购物中心从质上而非量上进行规范，强调从单纯的经济职能向社会职能的转变，对于今天中国购物中心的规范发展也有很大的启发意义和借鉴价值。

（2）塑造具有本国特色的经营特征和业态构成

① 开发商类型呈现多样化　以零售企业作为开发商的购物中心相对较多，占购物中心总量的42.7%。第二位是地产商开发的购物中心，而日本地产商近来热衷于开发城市综合体，包括商务楼、住宅以及大型商业设施等。第三位是购物中心专业开发商。其他还有交通运输企业、制造企业等开发的购物中心，但这些企业所占比例很小。在零售企业开发的购物中心中，超市（包括综合超市、食品超市）的开发量最大，百货店相对较少，近年来还有逐渐减少的趋势。相比较而言，我国目前则以地产商开发的购物中心为多，以零售企业为开发商的购物中心正在慢慢增加，但纯购物中心专业开发商尚在培育之中。我国以地产商为开发主体的购物中心在城市综合体中扮演着重要而特殊的角色。

② 购物中心中的主力店构成颇具特色　日本购物中心中的主力店主要有几种类型：百货店、日用品卖场、超级市场、家居中心、折扣店和药店。其中核心店铺主要是综合超市、食品超市和百货店。从业态组合角度考察日本购物中心，只有一个主力店的购物中心所占比例最大，约为61.2%；双主力店购物中心近年来发展趋缓；三个主力店的购物中心仅占1.8%；无主力店的购物中心逐渐增加，已达24.4%。从该趋势来看，未来一个主力店和无主力店购物中心可能成为主流。另外，随着专业店进驻购物中心，日本以专业店为主力店的购物中心的数量也在增加。

除了普通购物中心外，日本的奥特莱斯（Outlets）购物中心也是方兴未艾。日本Outlets购物中心源于1993年在东京埼玉县的全日本第一家Rism购物中心。20世纪90年代末，Outlets购物中心迅速发展，2010年后逐渐走向成熟。Outlets主要清销工厂库存或是百货店与精品专卖店的自身品牌库存。日本的Outlets购物中心融合了品牌折扣店和餐饮、娱乐、文化设施，满足了日本消费者高品质的生活需求。著名的日本Outlets购物中心有东京

●图2-13　东京横滨湾玛丽娜Outlets

横滨湾玛丽娜Outlets（图2-13）、神户市波尔图集市（图2-14）和关西国际机场的临空
Premium Outlets（图2-15）等。

●图2-14　神户市波尔图集市

●图2-15　关西国际机场的临空
　　　　　　Premium Outlets

中国的购物中心由于其开发主体的特点（以开发商及零售商为主）以及人们的消费需求，
其主力店的构成与日本有相似之处。对于单主力店或无主力店购物中心来说，如何在其中创
造一个丰富多样的商业生态系统，挖掘更多的功能和主题，我们可以多借鉴日本购物中心在
这方面的宝贵经验。

③ 注重购物环境的细节设计，体现人性化　商业环境应特别注重细节设计，处处体现贴
心服务和人性关怀。从手扶客梯、垂直客梯、疏散楼梯的位置和数量到休息座椅的设置、指
示牌的设计等都会影响整个商场给顾客的印象，并改变顾客的购买欲望和消费行为。我们经
常忽视的细节处理，往往是日本的购物中心设计中极为重视的，如咨询台、洗手间、母婴室、
商场休息区、可让轮椅进入的客梯等，这些都构成了购物体验的重要组成部分。

03

商业设计
风格与流派

商业空间艺术风格的形成，通常与当地人文因素和自然条件相关，又源于设计者对消费者与商品特征的准确把握。设计师要能懂得综合把握商品价值、尺度、颜色、文化内涵、精神品质等方面以及消费者的年龄、性别、经济水平、兴趣爱好、文化教育水平等因素。

商业空间艺术风格的选择归根到底决定于消费者、特定商品和环境的不同特点。在高消费社会，消费者的需求变化与消费方式以及商品自身的发展规律共同推动着商业环境从物质到精神的发展。特定的商品会自然形成某种商品艺术风格，如数码文化、茶文化、酒文化等，在消费物质的同时增加了精神享受。

一般而言，数码产品店及运动用品店以紧贴潮流、敢于尝试和接受崭新事物的年轻人为目标顾客，需要体现年轻活力和时尚潮流信息。而简洁明快的现代简约风格及富有视觉冲击力的解构主义风格，就比较适合目标顾客为年轻人的商业空间。

而针对家庭消费者的儿童用品店及母婴用品店，则更喜欢采用造型可爱、色彩鲜艳的后现代主义风格。老年消费者更喜欢沉稳的风格，更怀念传统文化符号，新中式的风格适合老年消费者。

为特定消费者服务的商业环境形成特定的艺术风格，消费者也在这里找到了感情归属。

3.1 传统风格

3.1.1 新中式风格

新中式风格主要以现代简约风格手法构筑主要空间的序列关系，而在细节装饰上则汲取中国传统的元素，如斗拱、挂落、雀替等装饰构件，体现传统文化韵味。新中式风格在材料运用上以体现木质结构为主，大量运用深色木饰面，还经常采用青石砖、图案玻璃等。装饰品上配合明式或清式家具、青花瓷、宫灯、书法及国画等。新中式风格在空间上轻盈通透，细节装饰上祥和宁静，形成了别具一格的风格。新中式风格造价较高，施工工期长，一般适用传统工艺品店、中式餐饮店、高档茶叶店等。

案例

喜鼎饺子中式餐厅

设计运用金属雕刻的传统几何图案格栅，与入口处的开放式厨房明档和白色大理石台面相呼应，体现其新鲜、手作、朴素的品牌精髓。内部空间风格则作为门头整体简洁、大气风格的延续，为通透整体的空间。中央卡座区域，设计师使用传统几何纹样的天花格栅镂空造型，在空间上进行了视觉化的分区。配合错落有致的吊灯与圆弧倒角的吊顶，增添了空间的趣味性，增强了区域的可读性。传统书法字体的"喜鼎"标志（LOGO）与饺子和餐具的立体墙面装饰，匠心独具，藤编材质的柜体贴面与手作藤编框的布置，更增添了一种朴实的风味。

设计通过传统古朴的藤编元素的运用，用心的材料搭配和现代化的工艺，打造了一个细腻、精致而质朴的空间，同时也是对"喜鼎"东方传统精神的现代化诠释。如图3-1所示。

●图3-1　喜鼎饺子中式餐厅

3.1.2　欧式风格

欧式风格体现繁复和厚重的古典欧洲的形式感，通常运用欧式的经典元素，如柱式、圆拱等。基本元素包括古罗马式风格、哥特式风格、文艺复兴风格、巴洛克风格、洛可可风格、古典主义风格等。欧式风格室内装饰造型严谨，天花、墙面与绘画、雕塑等相结合，经常采用大理石、壁纸、皮革和高档木饰面等材料。欧式风格的装饰品配置也十分讲究，常常采用水晶玻璃组合吊灯及壁灯、欧式沙发、油画壁饰等。

欧式风格造价较高，施工难度较大，日后保养维护也有较高要求。适用于婚纱店、晚礼服店、奢侈型酒店、高档陶瓷产品店等。

案例

15 世纪荷兰教堂变身豪华书店

对荷兰一座建于15世纪教堂的改造项目，在教堂中开辟出一片700m²的书店。设计师将原有的高大穹顶、彩色玻璃窗和天花板的壁画完整保留，以素雅色调映衬教堂的庄严神圣，如图3-2所示。

图3-2 15世纪荷兰教堂变身豪华书店

3.2 现代简约风格

现代简约风格有着简洁、明快的清新形态。以功能实用为出发点，注意发挥结构本身的形式美，造型简洁。现代简约风格起源于德国的包豪斯，以三大构成为风格的造型基础，反对多余装饰，崇尚合理的构成工艺。现代简约风格尊重材料的性能，研究材料自身的质地和色彩的配置效果，而玻璃、金属及涂料是简约风格经常采用的材料。现代简约风格运用基本几何形体进行造型组合，发展了非传统的以功能布局为依据的不对称的构图手法。

现代主义风格有造价较低、施工时间短、功能实用性强、空间简洁明快的特点，适用于办公家具店、药店、快餐店、男装店、家电店等。

案例

布拉格极简咖啡酒吧

这家咖啡酒吧设计极简却极具趣味性。如图3-3所示。

建筑师拆除原先的破旧大门，并换上了新的门面，在咖啡店前面，面临街道的一边布置了推拉窗。室内摆放着五颜六色的小巧座椅，而天花板下方则悬挂着高低不一的Flos AIM吊灯。墙壁和天花板覆盖着伦敦艺术图案，营造出一种温馨的氛围。

室内设计反映了建筑的圆形角落，这个在中央的柜台上尤其明显。中央柜台一边连接着酒吧，另一边连接着出售面包的桌子。而室内的桌子、椅子、长凳则沿着窗户摆放，同时也在对面摆放了部分桌椅。

木制货架上展示了新鲜的面包产品，厨房和公用空间则通过黑色的墙壁得以区分。

●图3-3　布拉格极简咖啡酒吧

3.3 高技派风格

高技派亦称"重技派"，活跃于20世50年代末至70年代的设计流派。它以表现高科技成就与美学精神为依托，主张注重技术展示现代科技之美，建立与高科技相应的设计美学观。由此，形成了所谓的"高科技风格"的设计流派。其设计特点是突出当代工业技术成就，并在建筑形体和室内环境设计中加以炫耀，崇尚"机械美"，在室内暴露梁架、网架等结构构件以及风管、线缆等各种设备和管道，强调工艺技术与时代感。经典之作包括英国设计师罗杰斯设计的巴黎蓬皮社文化中心和由著名设计师福斯特设计的香港汇丰银行大厦，这些作品都使用新型的高科技材料，表现出高度简洁、结构化、现代科技化的设计特征，有强烈的时代风格，展示出一种现代技术之美。

案例

灵感来自阿卡普尔科椅子的餐厅（图3-4～图3-6）

这家名为"la pacha mama"的餐厅的设计是向著名的阿卡普尔科椅子的致敬，同时巧妙地呼应了出售的食物——专门提供墨西哥美食。

阿卡普尔科椅子是20世纪最具标志性的户外座椅的设计，它采用线形态勾勒出了一个类似贝壳的形状，是一种造型简洁的户外休闲座椅，在墨西哥广为流行。

●图3-4　阿卡普尔科椅子

该餐厅的庭院搭建了由弯曲钢管支撑的顶盖，高于下面已有的建筑。垂直的结构部件融合了桁架和拱门，并编织回收来自旧卡车胎的橡胶。这种结构框架为植物和花卉提供了生长空间。可以从街上透过两面大窗户看到餐厅的厨房，楼梯通向上面的带顶的露台。

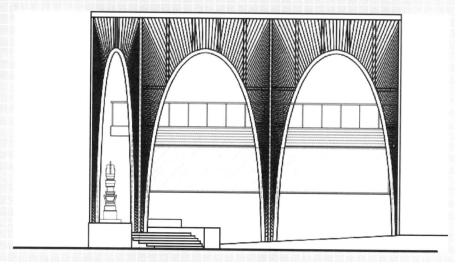

● 图3-5　餐厅拱门立面图

● 图3-6　灵感来自阿卡普尔科椅子的餐厅

3.4　装饰主义风格

装饰主义风格演变自19世纪末欧洲的新艺术运动，以机械美学与装饰美学的风格结合，以较机械式的、几何的、纯粹的结构来表现装饰效果，如扇形辐射状的太阳光、齿轮或流线型线条等。

装饰主义风格那简洁又不失装饰性的造型语言所体现出来的基于线条形式的强烈的装饰性，在原则上灵活运用重复、对称、渐变等美学法则，使几何造型充满诗意和富于装饰性。装饰主义风格常用方形、菱形和三角形作为形式基础，运用于地毯、地板、家具贴面等处，创造出许多繁复、缤纷、华丽的装饰图案，亦饰以装饰艺术派的图案和纹样，比如麦穗、太阳图腾等，显现出华贵的气息。装饰主义风格造价高，施工工期长，一般适用高档家具店、高档服装店、高档皮具店等。

案例
赫尔佐格＆德梅隆的历史建筑修复项目

设计团队的目标是将历史与现代结合，同时与新增添的设施巧妙交织，来确保这间房间能作为一个前沿的文化沙龙被积极地使用，如图3-7所示。

翻新后的空间将举行一些小型活动，如音乐会和演讲。赫尔佐格＆德梅隆为这个空间增加的新物件有新壁纸、灯具和座椅，其中最值得注意的是它的新壁纸，它是在Tiffany, Coleman 和 Wheeler设计的房间原壁纸的基础上创作的。

●图3-7　赫尔佐格＆德梅隆的历史建筑修复项目

另外，原来的燃气吊灯，被装上了嵌入式LED照明和玻璃镜片，空间照明得到改善，空间原本的光彩得到重塑和发扬。

原有的内置长椅重新更换了皮革，团队还为房间添加了许多新的家具，例如由赫尔佐格&德梅隆设计的皮座椅和搁脚凳。

团队还除去了墙上的一些覆盖物、油漆和饰面，同时修理更换了房间里损坏的物件，还清洁了包括Tiffany设计的装饰玻璃在内的一些艺术品。房间的复原增强了整个空间最初的富丽堂皇的视觉印象。

3.5 解构主义风格

解构主义风格具有强烈的视觉冲击力，空间形式多表现出不规则几何形状的拼合，或者造成视觉上的复杂、丰富感，凌乱感。解构主义是对现代主义正统原则和标准批判地加以继承，解构主义认为结构没有中心，结构也不是固定不变的，结构由一系列的差别组成。由于差别在变化，结构也跟随着变化，所以，结构是不稳定和开放的。解构主义运用现代主义的语汇，却颠倒、重构各种既有语汇之间的关系。从逻辑上否定传统的基本设计原则（美学、力学、功能），用分解的观念，强调打碎、叠加、重组，重视个体部件本身，反对总体统一而创造出支离破碎和不确定感，由此产生新的意义。解构主义风格适用于高科技产品店、个性咖啡馆、运动用品店等。

如图3-8所示，日本旭川Nen-Rin家具展厅设计，主题是“树的偶然形象”。

●图3-8　日本旭川Nen-Rin家具展厅

3.6　自然主义风格

自然主义风格在现代简约风格的基础上大量运用具有自然纹理的材料，如原木、石材、板岩、玻璃等，色彩多为纯正天然的色彩，如矿物质的颜色。材料的质地较粗，并有明显、纯正的肌理纹路。空间开敞通透，并强调自然光的引进。

自然主义风格色彩为纯正的天然色（如矿物质、自然木的颜色），颜色主体是材质本身的色彩。自然主义风格采用有亚光效果的油漆和散漫的灯光，点缀绿色的植物，并将室外的自然景物透进室内，达到室内外情景的融合，营造出自然环境的气氛。自然主义风格适合特色食品店、风味小吃街等，如图3-9所示。

●图3-9　德国ADCO户外商店

3.7　后现代主义风格

后现代主义风格运用各种象征性的符号，讲究人情味和幽默感。把古典构件或者自然界象征构形的符号，以抽象、夸张的手法组合在一起，即采用非传统的混合、叠加、错位、裂变等手法。

强调建筑及室内装潢应具有历史的延续性，但又不拘泥于传统的逻辑思维方式，探索创新造型手法。常在室内设置夸张、变形的柱式和断裂的拱券，把古典构件的抽象形式以新的手法组合在一起。或者把由曲线和非对称线条构成，如花蕾、葡萄藤以及自然界各种优美、波状的形体图案等，体现在墙面、栏杆、窗棂和家具等装饰上。造型上有的柔美雅致，有的富于节奏感，整个立体形式都与有条不紊的、有节奏的曲线融为一体。后现代主义风格造价较高，施工工期较长，一般适用于儿童用品店、游乐场、主题餐厅等。

　　如图3-10所示，7senses西餐厅主要分为西餐区、面包区和酒吧区。餐厅外立面采用黑色与金色搭配，柜台使用仿古砖贴纸，整体餐厅设计散发一种复古、宁静的韵味。复古的钨丝灯、金属帘、黑色皮革桌椅、下垂的古铜网，传统的构件与现代场景的碰撞、动与静的结合，使整个空间变得丰富多彩，更富有层次感。

● 图3-10　7senses西餐厅

3.8　混搭风格

　　当代商业空间多元化的并存与融合，产生出一种特别的设计艺术风格，称之为"混搭风格"。混搭英文原词为Mix and Match，混搭是一个商界、时尚界的专用名词，指将不同风格、不同材质、不同身价的东西按照个性的审美口味拼凑在一起，从而混合搭配出完全个性化的风格。混搭设计，即混合搭配，就是反传统、反习惯地将不同地理条件、文化背景、设计风格、材料质地的设计元素进行混合搭配，组成有个性特征的新组合体的设计。

　　基辅RAMBUTAN水果店铺设计如图3-11所示。

● 图 3-11　基辅 RAMBUTAN 水果店铺设计

3.9　复古风格

在复古风潮愈加风靡的今天，以怀旧物件和古朴装饰为主要布置方式的复古风也悄然流行于商业界。复古风格的商业空间巧妙地利用复古家具与内敛装饰风格的交相呼应，呈现出具有时间积淀感的怀旧韵味，让人百看不厌。

例如，永久自行车可谓是见证了新中国的发展，从创立至今已有77年的历史，而如今，永久自行车跨界在上海的兰花路开了一家骑行主题咖啡馆，以一种"怀旧+环保"的特色，自行车+咖啡馆的复合设计勾起了人们的回忆。

如图3-12所示，原木色调的招牌上面用铁丝勾勒出品牌的标识，而这种极具20世纪80年代风格的经典元素也体现在咖啡馆的统一视觉设计中。

● 图 3-12　门头设计

● 图 3-13　充满时代特色的物件用一种创新的方式表达出来

咖啡馆以品牌标志色蓝色作为主要装饰，裸露的水泥墙和素净的白色砖墙搭配工厂般的铁架、铁网，充满时代特色的物件用一种创新的方式表达出来（图3-13）。

　　在这个富有质感的怀旧空间里，随处可见对于自行车零件的应用：车铃制成的点单铃、蓝布围裙（图3-14）、轮胎制成的吊灯（图3-15）、车间标语等符号形象的表达，不仅加深了人们对永久自行车的品牌印象，更能让我们感受到时代的进步。

●图3-14　蓝布围裙

●图3-15　轮胎制成的吊灯

　　永久咖啡馆是永久自行车品牌在不断寻求新生命力的精神产物，这个150多平方米的空间，融合了咖啡生活、自行车产品及周边售卖与自行车修理等多方位的业态，为骑行爱好者们提供了一个交流和分享的平台。

04

商业
空间设计

4.1 商业综合体的空间布局组织

4.1.1 商业空间组织的发展演变

如果说购物中心是20世纪最成功的土地利用，那么，21世纪最值得一提的莫过于城市商业综合体的开发了。购物中心一般都是由一家或几家百货主力店为主导，零售则根据百货的位置搭配组合。最常见的类型是百货在两端，中间分布着一条零售街，即"狗骨头"的模式。

20世纪80年代以前，不同地点与商业策划的购物中心均在主力店（百货）与大街（Mall）的概念下发展，规划形态大致有以下几种：①一字形（图4-1）；②丁字形（图4-2）；③十字形（图4-3）；④三角形（图4-4）；⑤环形（图4-5）；⑥双环形（图4-6）。

随着顾客消费观念的不断改变，21世纪的零售业已今非昔比。以百货为主导的商业空间类型在网购的冲击下逐渐退出历史舞台，新型体验式购物空间的组织成为当下热门的设计理念。前来购物的人们已不仅是单纯地选购商品，更是为了享受一次愉快、特别的购物体验。便捷的网络购物对传统购物产生的冲击之大，远远超出我们的想象。因此，传统购物模式也亟须转型，体验式购物作为一种全新的消费模式，引领着人们享受全新的购物之旅。

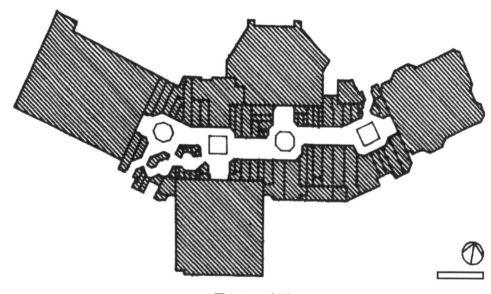

●图4-1　一字形

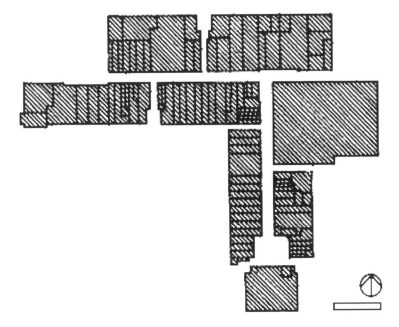

●图4-2 丁字形

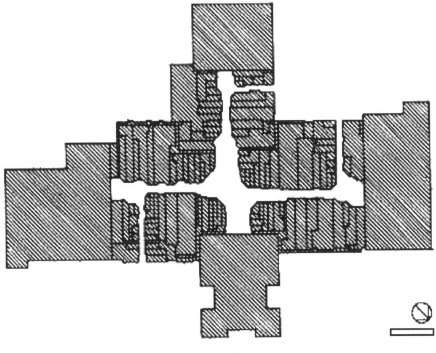

●图4-3 十字形

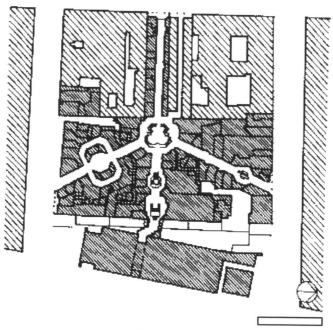

●图4-4　三角形

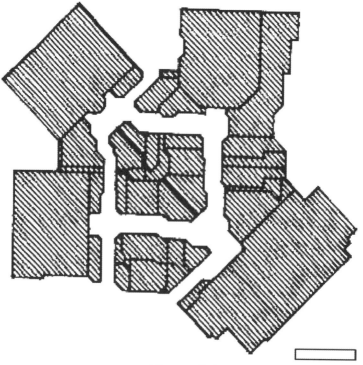

●图4-5　环形

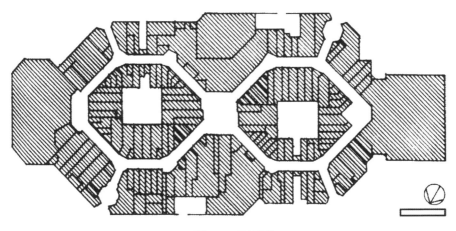

●图4-6　双环形

各方面的条件促使城市商业综合体成为时代发展的潮流。通常情况下，一个价值最大化的地块需要综合商业、办公、酒店、住宅等多种功能。纵观当下比较成功的城市商业综合体商业空间组织的类型，我们大概整理出以下八种：中庭形空间组织、线形空间组织、三角形空间组织、环形空间组织、双环形空间组织、螺旋形空间组织、垂直形空间组织、街区形空间组织。这八种空间组织的分类并非绝对标准，每种类型都可延伸出新的形式，且互有相通与融合之处。每种类型都有其独特的个性，并且每种类型中的每个案例都有其独特的空间策略，以解决每个基地特定的问题。

当拿到一个设计委约的时候，基地的特定条件很容易限制我们的设计思路，但如果以发散性思维为引导，将这八种空间组织类型随意组合，破除制约，寻求最佳的解决方案，则很容易取得事半功倍的效果。

4.1.2 线形空间

线形空间组织，即空间形态为单一方向或向两端呈线形延伸的一种布局方式，易形成步行街、购物廊等具有连接作用、延展性的空间。这种空间组织方式在户外或室内都十分常见，在接引人流、创造等价地标方面，有着其他组织无可比拟的优势，适应于基地形状受限，或对人流、特殊的周边业态等因素有着明确指引目的的规划案例。

线形结构与垂直空间搭配，能进一步完善和丰富空间布局，创造出更多的购物体验，并为节日主题、活动展示和即兴表演等互动项目提供舞台。

线形空间组织更容易创造连续的空间序列，也更利于梳理分期建设的难题，每期既可单独形成规模，又可以串联起来创造一个整体，是综合体中商业空间的一种重要类型。

案例

Universal CityWalk——盛宴的舞台

位于城郊的 Universal CityWalk（图4-7）是一个室外购物中心，没有方正的基地红线，建筑群和周边的环境贴合密切。多个地面停车场被安排在主干道与建筑物之间，车辆出入非常方便。建筑群有序地排列成一个线形的空间，由此延伸，入口、中点、末端均穿插有中庭和大广场。

●图4-7　Universal CityWalk

设计师将环球影城的布景概念引入商业街，这种创新型的电影场景策略为项目注入一种全新的戏剧性体验，整个项目更像是一个主题公园和室外步行街的结合。紧凑的建筑群形成连贯、统一的立面，动线和广场穿插其间，配合许多鲜亮而又丰富的元素，好似在展现一部好莱坞电影。最有趣的是，随着空间的深入，它的末端并不是一个广场或端点，而是一个迂回的环线。这样，空间便没有了终点，序列得以延续，故事不断循环。如图4-8所示。

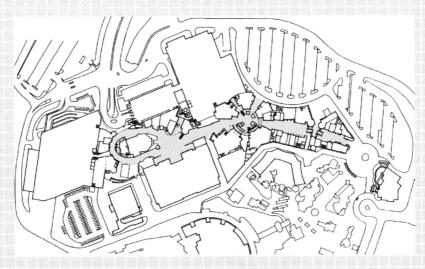

● 图4-8　Universal CityWalk平面图

4.1.3 中庭形空间

所谓中庭形空间组织，顾名思义，就是以一个大中庭为主要公共空间，将之作为整个商业动线的集散点，所有功能空间、人流动线、店面组织等都以它为中心。中庭形空间组织主要强调中庭的集散作用以及垂直方向的空间感受，有效引导顾客的视线和动向，形成壮阔、通畅的效果。它可以最大限度地节省占地面积，适宜于面积受限的基地。

中庭空间在城市商业综合体商业空间结构中不可或缺——用地面积的限制、商业价值的创造、空间氛围的营造、垂直方向的流通以及人群的集散等都需要在这个空间里完成，所以说，这种组织类型大大提高了空间利用率和项目的商业价值。虽然同为中庭空间组织形态，但每个项目的中庭空间对"虚"与"实"采取了不同的处理手法，创造出各具特色的商业空间。下面的几个例子分别展现了中庭形空间组织在不同案例中的运用，独特的个性在不同的设计手法下大放异彩。

案例

新加坡 ION Orchard——舞蹈的中庭

ION Orchard（图4-9），这座世界顶尖级的八层高大型商场，是典型的中庭式结构：中庭空间豪华而令人神往，店铺琳琅满目，在空中舞动的"飞天梯"通向各个有着不规则曲线的楼层。巧妙的是ION Orchard每一层挑空部分的形状都不尽相同，各层围合中庭的轮廓都有所错动，无论站在哪个角度，都可见中庭边缘层层叠叠、变化多端。配合着"飞天梯"，整个空间宛若正在尽兴起舞，旋转、热情地向每位来客展现它的风采。如图4-10所示。

空间设计利用单层中庭空间形状的微小变化，创造出丰富灵动的中庭空间，垂直向上的"飞天梯"点缀着富有情趣的中庭空间，在满足人们视觉享受的同时，悄然把顾客引领至高楼层，以创造高楼层的商业价值。如图4-11所示。

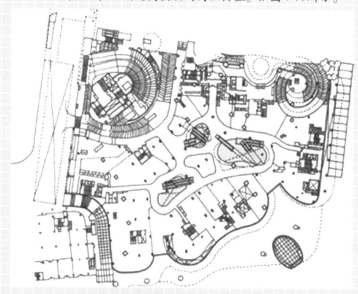

●图4-9　新加坡ION Orchard平面图

●图4-10　新加坡ION Orchard外观图　　●图4-11　新加坡ION Orchard形象图

4.1.4 垂直形空间

　　垂直形空间组织大多用于解决购物中心基地面积狭小、垂直楼层过高致使人潮滞留低层等问题。多样的垂直交通手段和丰富的空间组织及场所感的营造，往往是此空间组织类型的常用手法。与水平向发展的商业模式相比，垂直形商业空间别有魅力，往往能营造出震撼人心的空间效果。香港朗豪坊、台北美丽华百乐园、大阪 Namba Park 都是垂直形空间组织的典型案例。

案例

大阪 Namba Park——美丽的峡谷和空中公园

　　建筑师将从自然峡谷中汲取的灵感融入建筑，用不同的空间体验来创造垂直方向的购物中心，"场所营造"的理念被很好地融入商业建筑设计中。如图4-12所示。走在地面户外街区时犹如置身峡谷之中，举目望去，屋顶花园垂下的绿色植栽和垂直空间的水景小品给人以新鲜、舒适之感。拾级而上，有如误入桃花源，尺度宜人的屋顶平台、植栽丰富的屋顶花园可以让忙碌的都市人放松心情，安心享受这悠闲的时刻。人们可以漫步进入商场内部，开始一场购物之旅，累了又可以出来享受自然美景，获得一次难忘而惬意的购物体验。如图4-13所示。

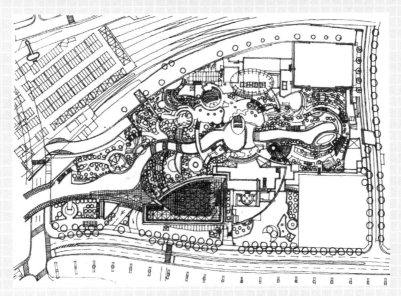

●图4-12　大阪 Namba Park 平面图

●图4-13　大阪Namba Park俯瞰图

4.1.5 三角形空间

　　三角形空间组织是平面由两条以上的线形空间串联，呈三角形围合的动线组织形式。三角形空间组织和环形空间组织有异曲同工之妙，动线简洁明晰，与业态分区、分布结合紧密，转折点搭配中庭、广场空间的设置，以丰富其空间形式和体验。

　　三角形空间组织融合了中庭空间组织与线形空间组织的优点，两条以上的线形空间组织围合，很好地将人流引导至商业中心的内部。转折处的中庭空间为人流提供集散和停留的场所，可设为不同的主题，以增强空间的导视性，为人们提供更为自主的"逛"的空间。

　　中国台北的101购物中心可以视作三角形空间组织的雏形，伊斯坦布尔的Akmerkez Etiler和上海龙之梦购物中心则是三角形空间组织的典型代表。

案例

艾提雷 Akmerkez——黄金三角

位于伊斯坦布尔艾提雷（Etiler）的 Akmerkez 购物中心的布局是个标准的三角形，如图4-14所示，这主要是受三角形基地的限制，三角形的空间布局方式可以使基地得到最充分的利用。三角形空间形态简单却富有变化，人们可以迅速识别所在位置或找到消费区域，使购物旅程充实有效。

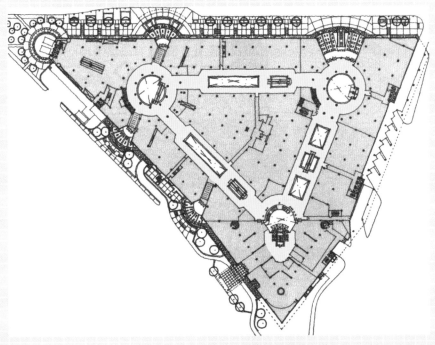

● 图4-14　艾提雷 Akmerkez 平面图

Akmerkez 占地18万平方米，分布着近250家商店，三条线形街区与三条主路平行设置，转折处的三个中庭空间位于道路的交叉口，将各路段汇集的人流纳入商场内部。如图4-15所示。41个自动扶梯、2个全景电梯和30个电梯构成了城市商业综合体垂直向上的空间，人流被迅速带到商场高层。据统计，游客在Akmerkez 停留的平均时间为3.5小时，超出世界其他商场的平均逗留时间1小时，无形中增加的商业价值难以估量。明确的动线和便捷的内部运输系统是Akmerkez 项目成功的保障。

●图4-15　艾提雷Akmerkez造型图

4.1.6 环形空间

　　环形空间组织是围合成环形的空间组织形式，转折处多大于直角，是一种常用的空间组织形式。尤其对于较方正、面积很大的基地，相较于线形和三角形，环形空间组织形式更能合理地协调动线与商铺的关系，令业态分布、分区合理。其连贯性很强，目的明晰，并且没有"终点"，给人一种无限循环的感觉。若再结合中庭空间组织形式，合理布置，更能形成强烈的空间序列的节奏感。

　　环形可以更有效地与城市中的各种交通组织相连接，增加人们抵达城市商业综合体的可能性。但穿插其中的中庭或广场空间必须有足够明确的主题，否则很容易使人迷失其中。故这一类型的街区和中庭广场空间，用材料、色彩、造型、景观雕塑等营造出较为明确的主题空间，使购物者能够很快地确定自己的位置，掌握购物的主动权。

　　无锡哥伦布广场、上海浦东嘉里城、北京颐堤港和香港圆方购物中心都是环形空间组织的典型案例。

案例

香港圆方——五色戏

　　圆方的设计灵感取自中国古代五行风水之说"金、木、水、火、土"。空间布局上采用环形动线与城市各层交通动线相连通的方式，有效地组织城市各方向人流进入商业中心。五个不同主题空间的情景设计，加强了顾客的空间感和方向感。每个入口的设计都体现了圆方的品牌形象。如图4-16所示。

●图4-16　香港圆方平面图

　　五个区域的空间形象的创意源于五行元素本身的特色，并且与业态紧密结合。如图4-17所示。金区整体设计风格高贵简洁，主要展示国际顶级品牌；水区以水景雕塑确定整个空间的主题，主要分布着亚洲顶尖的美食及时尚服饰；火区以黄色和橙色折板营造出热闹的气氛，是商场娱乐区所在；土区景观雕塑令人眼前一亮，汇集了各国潮流服饰；木区极有创意的景观装置，既为人们提供休息座椅，又成为垂直空间的装饰，构思之巧妙令人惊喜，该区主要汇集健康与美容服务，以及与健康生活概念有关的各式名店。该项目空间组织与主

●图4-17　香港圆方造型图

题分布和业态布置紧密结合，以区域的主题与颜色作为引导人潮的风向标，有效地丰富了空间层次，其色彩的对接碰撞、空间的环绕贯通则展现出香港的时尚与喧嚣。

4.1.7 双环形空间

双环形空间组织又称"8字形动线"，是两个环形动线相交、相切或由廊桥连接形成的空间动线组织形式。双环动线可以有效地延长沿街店面的长度，增加沿街店面商铺的数量。在长方形基地的情况下，它也不失为一个佳选。

切割建筑体量形成的双环形空间动线多用廊桥连接，并且，建筑室内外围绕廊桥的部分可形成丰富的空间转折和体验。但是，这种空间组织形式太过复杂。如果空间的主题处理不是非常明确，顾客很容易迷失其中，不能迅速地找到目标，只能被动购物。

高雄统一梦时代购物中心、济南恒隆广场、北京SOLANA蓝色港湾是环形空间组织的典型案例。

案例

高雄统一梦时代购物中心——水色之城

高雄统一梦时代购物中心（Dream Mall）的整个体量由一条户外街一分为二，前后两个建筑主体由两座天桥相互连接，前栋蓝鲸馆造型曲折流动，犹如巨大的蓝鲸从海天一色的背景中跃出水面；后栋建筑有着厚重的花岗岩，其纹理与颜色体现出岩石与大地的永恒。一天一地，一水一土，蔚蓝的水色和流动的曲线无不突出高雄"海洋之都"的特点。如图4-18所示。

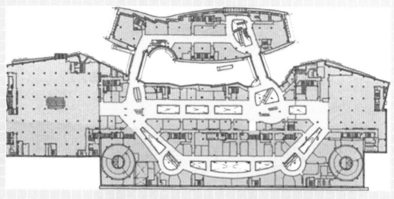

●图4-18 高雄统一梦时代购物中心平面图

统一梦时代购物中心由前后两栋建筑结合天桥构成双环动线，浑然一体。两栋建筑之间形成的内街下至地下一层，两层皆有露天出入口，使得地下一层也能产生相当于地上一层的商业价值。整体动线以内街为主轴，采用哑铃形概念，两侧设置主力店。其主题的设定、设施的配套营造出宛如纽约第五大道的时尚氛围。如图4-19所示。

●图4-19 高雄统一梦时代购物中心造型图

4.1.8 螺旋形空间

螺旋形空间组织形式更像是环形空间的变形体，是一种非常具有创造性的空间组织模式。它既有环形空间的连续性、环绕性、循环性，同时具有很强的向心性。特别是在基地三面的商业价值较低的情况下，内部的吸引力就显得尤为重要。对于强调人潮最终向空间的"中心"汇合的设计模式而言，螺旋形空间可以发挥无穷的魅力。因此，螺旋形动线的主广场往往都位于中心位置。

阿尔华达购物中心是螺旋形购物中心的一个典型案例。

案例

阿尔华达购物中心——灵动的螺旋

位于阿布扎比的阿尔华达购物中心（Al Wahda Mall）是一个地上三层、地下一层的大型购物中心，其螺旋形空间让人眼前一亮：空间形态简洁明了，中心广场迅速聚拢人流，螺旋形动线则有效地组织人潮形成洄游系统，广场内利用直梯创造出出挑的垂直元素，向上带动人们的目光与脚步，成为广场的视觉焦点；洁白的环廊与立柱，均匀分布的黑、白、咖啡色，铺地柔和的暖灰色系与中央广场黑白条纹的垂直元素形成强烈的视觉对比，展现出螺旋形空间强有力的向心感。如图4-20所示。

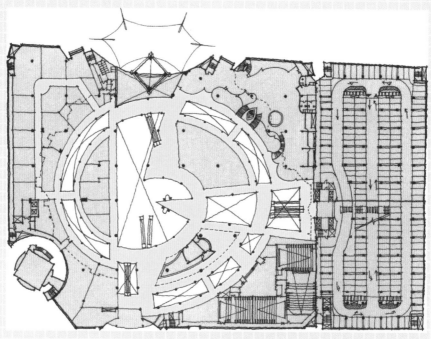

●图4-20　阿尔华达购物中心平面图

●图4-21　阿尔华达购物中心造型图

螺旋形空间组织的吸引力除了来自于空间本身，更多地则源于图案和色彩的对比，而非夸张的造型给人带来的视觉冲击力。阿尔华达购物中心的外立面也很有特点，土黄色的外墙仿佛是矗立在沙漠中的宫殿城堡一般，大量阿拉伯传统造型元素的运用，使人一见便知晓其独特的文化背景。如图4-21所示。

4.1.9 街区型空间

就城市空间而言，街区型空间组织极大地模糊了城市街道空间和街区购物空间的界限，使得城市街道能够顺利地、自然而然地延伸到购物区内。街区型空间组织往往能提供舒适的公共空间，除明晰的主入口外，与城市街道空间没有明显的界线。出入口很多，这使得整个街区几乎没有死角，每个角落的可到达性都很强。但也正由于街区型动线与都市街道对接流畅且出入口很多，易形成人潮流散。街区型空间比室内型空间更富有生活情趣，更容易令人产生"逛"的感觉，虽然也有明确的主街道，但不同于室内购物中心，人的活动是自由的，没有强迫性动线，人们可以自由地选择任意一条小街，进行更多自主的探索，更加自由自在。

上海新天地、杭州湖滨国际名品街改造项目、上海大宁国际广场、三里屯Village都是街区型空间组织的典型案例。

案例

北京三里屯Village

三里屯Village兼收并蓄了村与城两种概念，被3·3服装大厦分隔为南北两区。南区临近三里屯路，主打时尚潮流，以开放式街区为设计理念，融合了城市文脉与时尚元素，吸纳了老北京传统的胡同，化整为零，从内部划分出许多内街，拥有更多的商业展示面。如图4-22所示。

（1）三里屯Village南区——活力胡同

南区的前广场被设置在南区内部靠中心的内街交会处。开放式街区从视觉和行为上引导人们进入Village的内部，模糊了街区与商业区的界限，也实现了与更大尺度的城市空间的连接和延续。人们从街区进入Village不会有任何隔阂感，这里不仅能购物，也能漫步其中；既能休闲，又能停留。这种尺度适宜、恰到好处的广场和胡同式的街道，使得漫步其中的人们有非常舒适的购物休闲体验。

开放多样与公共空间的线性流动，是三里屯步行商业街区最大的特征。

（2）三里屯Village北区——奢华的四合院

Village北区以四合院为概念整合商业与酒店公寓，如图4-23所示。四合院本身就是中国传统的住宅类型，与胡同里的穿梭游历相比，四合院营造出一个安静的环境。Village北区的主人潮为高端商务人士，因此，这里的商业氛围较南区的活力四射更显沉稳、奢华。高端品牌的植入为北区注入了许多活力，透过商业建筑立面突出的大型玻璃橱窗观望，内部的奢侈品牌一目了然。布局中间四个钻石一般闪亮的主力品牌建筑立于中心下沉广场的四角。下沉广场内，宜人的景观、温暖的木质铺装，加上休闲的餐饮区，构成整个空间的核心。

室外街与四合院式的中心广场和下沉广场相连通，形成一个内部互动的场所。

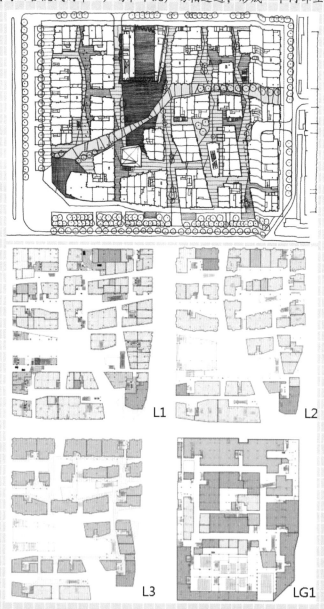

● 图4-22　北京三里屯Village南区平面图

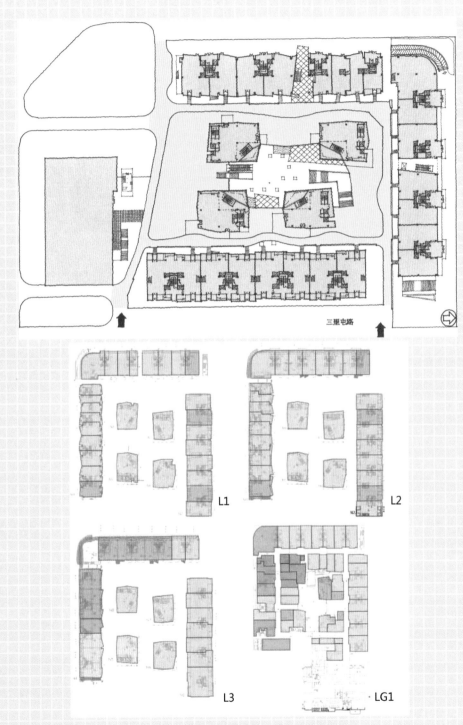

三里屯路

L1
L2
L3
LG1

● 图4-23　北京三里屯Village北区平面图

具体空间组织设计分析如下所述。

●图4-24　线性空间

●图4-25　南北向的主街

（1）外部开放空间

① 线性空间　南区街道空间结构是鱼骨型，南北走向贯穿街区的主街上并列着5条东西向的次街，如图4-24所示。南区由16栋多为一层的低层建筑组成，被步行道、小径、庭院环绕，形成开放的都市商业购物广场。

南北向的主街（图4-25）长200m，宽10m左右，街道宽高比约为0.6：1。相对而言，两侧建筑对道路的限定是比较强的。沿着主街向前走50m左右，来到了片区的中央广场，长宽都约为30m的尺度宜人的主广场。

主广场正前面的苹果标志格外耀眼，那是置于两侧建筑之上的骑楼，暗示着朝前行进。穿过骑楼后的主街与原来的主街向西移动了20m，与街区外的城市干道相接，形成贯通的态势。主街的结尾又呈现向外扩大的梯形，表示着主街的终点。

城市干道连通到三里屯街区的北区（图4-26）。东西向的次要街道长约140m，街道宽度在3～5m。空间给人的感受更为狭窄，营造出中国古老巷道的空间尺度感。

② 面空间　街区的入口呈现

喇叭形（图4-27），东侧建筑的切角吸引人们前来。主广场的四周有座椅，中央有喷泉，供来游玩购物的人漫步、休憩、畅游、观景、闲坐、溜冰，还可以选择在喷泉中嬉戏。主广场上的社区中心为橙色大厅，是各种社区活动、展示和表演的场所。

（2）建筑实体空间

建筑实体呈块条状分布（图4-28），边长从10余米到50余米，长短不等。由于建筑的几何折线化的切割方式，使东西向的次街两侧的垂直界面参差不齐，空间开合变化尤为明显，形成若干个让人观赏驻留的小空间。

建筑二层有连通的廊道（图4-29），一来增加了商业空间的连通性，限定了由于建筑的折

●图4-26　城市干道连通到三里屯街区的北区

●图4-27　街区的入口呈现喇叭形

●图4-28　建筑实体呈块条状分布

●图4-29　建筑二层有连通的廊道

线外边界所形成场空间的隐性边界，使若干小的空间节点具有完整的形态。同时，二层的建筑沿柱网轴线向内缩进，形成若干个开放平面，让人们有休憩的

空间。结合店铺的不同功能，把室外平台充分利用起来，变成室外餐饮平台。

三里屯南片区的建筑特色也格外鲜明。建筑外皮是玻璃与金属材料的交替组织，大面积的玻璃既是橱窗，又连通了室内外空间。建筑立面处理手法丰富多变，采用饱和的用色和时尚的材质突出都市氛围。如图4-30所示。

● 图4-30　三里屯南片区的建筑外皮

案例

奥特莱斯商业建筑模式与功能设计

商业设施作为城市重要的公共空间，并不仅仅是人们购物的场所，更是人们休闲、娱乐的重要去处，在城市生活中起着重要的作用。奥特莱斯的建筑在世界各地的蓬勃发展过程中，因地制宜，结合当地的地域条件和经济发展状况等，形成了灵活多变的建筑形式。大体上可分为以下几种：第一种是封闭式大盒子建筑模式，第二种开放式半步行街模式，第三种是开放式全步行街小镇模式。

模式一：封闭式大盒子模式

这种模式起源于美国，所有功能都集中在一个大型建筑物内，内部采用封闭式步行街形式。由于建筑规模大，这种建筑形体方正、巨大，看起来像个巨大的盒子，由此称为"大盒子建筑"。如北京燕莎奥特莱斯等（图4-31）。

模式二：开放式半步行街模式

这种模式也常见于美国的奥特莱斯购物中心，成组的建筑围绕停车场布置。面向停车场的店铺前为通长的步行街，步行街与停车场之间设交通环路。这种模式的特点是停车场与店铺之间联系紧密，方便购物者就近停车，缩小步行距离。如美国 San Marcos Premium Outlets（图4-32），英国 Cheshire Oaks Designer Outlet 等。

● 图4-31　北京燕莎奥特莱斯　　● 图4-32　美国San Marcos Premium Outlets

模式三：开放式全步行街小镇模式

这种模式常见于欧洲国家，日本、韩国的奥特莱斯购物中心也属于这种模式。这种模式的特点是停车场在购物中心外围，内部打造全步行街形式的购物空间，将车辆的干扰隔离在外面，为顾客提供一个安全、舒适的休闲购物环境。如日本 Gotemba Premium Outlets、Rinku Premium Outlets；法国 La Vallée Village，意大利 Serravalle Designer Outlet、Veneto Designer Outlet；韩国 Yeoju Premium Outlets；英国 Bicester Village 以及北京赛特奥特莱斯、天津武清的佛罗伦萨小镇、上海青浦奥特莱斯等均采用这种模式。

鉴于第三种开放式全步行街小镇模式是目前发展较为广泛，更能体现购物人性化的一种模式，故下面以这种模式为案例进行较为深入的分析研究。

（1）奥特莱斯的建筑功能构成及设计

传统的奥特莱斯建筑是以商业功能为主的商业设施，但是随着当代商业建筑向娱乐化、休闲化、巨型化、功能复合化的方向发展，奥特莱斯建筑的功能构成也日趋多元化。

（2）功能分区与流线组织

购物中心主要有两大功能分区，即购物区和服务区。各个店铺成组布置，店铺以步行街形式串联起来，形成购物区；商铺的背面围合形成服务区。购物区和服务区服务对象不同，分区要明确、要各自独立，要单独设出入口。一般情况，店铺围合的购物区步行街在内侧，利于打造安静、不受外面环境干扰的舒适宜人的购物环境；服务区设在外围，邻近场地道路和停车场，方便货物的运输而又不影响购物环境。

奥特莱斯购物中心规模不同，设计复杂程度也不一样。规模小的购物中心，分区、流线设计相对简单；对于大型奥特莱斯购物中心，购物区一般是由多条步行街组成的复合步行街区。内部会形成部分服务内院，这部分服务区的车辆进出不能影响购物区的步行人流，服务内院与外面道路要直接连通或者通过短捷的通道联系，可通过错开货车进出时间与购物时间，避免购物人流与货车流线的交叉。服务区与购物区之间设围墙及门将两个区分隔开，要在服务区出入口设阻挡购物者的视线的设施。

此外，为增加购物区的可识别性，方便购物者记忆及寻找目标店，购物区可划分为几个不同区域，各个区域可通过带有特征的名称来命名，从而加以区分和识别。比如，Woodberry Common Premium Outlets（图4-33）将购物区分为5个区，分别以五种颜色命名，邻近的停车场与之相呼应也以相同的颜色命名。

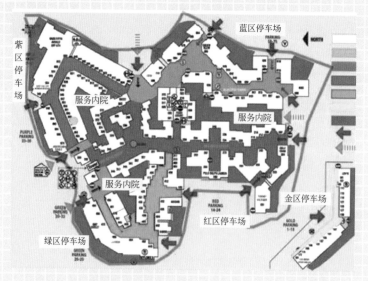

●图4-33　Woodberry Common Premium Outlets功能分区图

（3）功能构成及位置设定

奥特莱斯购物中心根据业态的特点，其功能主要由各种品牌折扣店铺构成的。另外，还设有为顾客服务的管理中心、餐饮店、儿童活动区、客服中心、问询处、

ATM自动取款机、公共卫生间、购物车租赁服务等辅助功能设施。

品牌折扣店按商品类型分为七种类型的店铺：设计师时尚品牌及运动休闲服装类、家居用品类、童装类、皮包及皮革制品类、鞋类、配饰珠宝类及礼品类；其中，以设计师时尚品牌店为主，按照品牌等级及产地可分为国际一线品牌店、国际二线品牌店、国内名牌店。

奥特莱斯购物中心在前期策划阶段，各个品牌店铺的类别、数量及配套设施已基本确定，在此基础之上，设计者需要结合店铺的特点及要求组织平面布局，适当安排其位置。

在购物中心，各个店铺通过彼此之间的相互依赖和作用而获得最大的商业利益。店铺的位置与组织购物人流关系密切，把吸引人流的品牌店设在步行街的几个尽端，把人流从一个尽端吸引到另一个尽端，在此过程引导购物者经过所有店铺。在步行街入口正对的店铺，考虑设置有视觉要求的主力店铺。

餐饮店是购物中心商业重要的组成部分，其位置方便购物者找到，一般设置在入口、街道的转角，规模大的购物中心可在适中的位置集中设置餐饮区。其他服务设施主要为了提供便利服务，如公共卫生间要均匀分设在不同区域，客服中心、问询处、ATM自动取款机等设在步行街的入口处等。

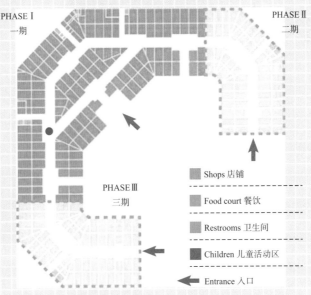

PHASE I
一期

PHASE II
二期

PHASE III
三期

Shops 店铺

Food court 餐饮

Restrooms 卫生间

Children 儿童活动区

Entrance 入口

●图4-34 俄罗斯圣彼得堡的时尚屋奥特莱斯购物中心

图4-34为位于俄罗斯圣彼得堡的时尚屋奥特莱斯购物中心（Fashion House Outlet Centre Saint Petersburg），餐饮店均匀分布，设在入口和广场附近。结合未来发展，统一设计分三期建设实施。

再以天津佛罗伦萨小镇为例，如图4-35所示，购物中心中主要由以各种品牌折扣店为主的165个品牌店铺组成。另外，还设有为顾客服务的餐饮店、儿童活动区、问询处、ATM自动取款机、客服中心、公共卫生间等辅助设施。

根据店铺业态不同，分为奢侈品区、国际名品区、运动户外品牌区及休闲时尚品牌区，满足各种消费者多层次的需求。购物中心以围绕六个广场及运河两岸的店铺和步行街划分八个购物区，每个广场形态不同，并以意大利广场命名，增加购物区的可识别性，方便购物者记忆及寻找目标店。

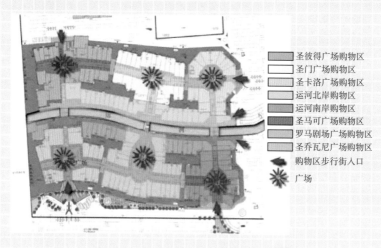

●图4-35 天津佛罗伦萨小镇购物分区图

餐饮店主要有快餐店、西餐店、咖啡店等，分散设在各个区域内，其位置选择在步行街的尽端、入口、广场附近，北区正对南区罗马剧场的位置设两层的餐饮区。餐饮区是顾客购物之余的休息进餐的去处，分散布置，方便各个区域的顾客就近进餐。特色餐饮设置在步行街尽端，其好处是能吸引人流，把人流从一端吸引到另一端，增加沿街店铺的客流量。

问询处、ATM自动取款机、客服中心均设在商业街的入口处、人流必经之处，方便顾客使用。儿童活动区设在北区靠近入口的位置。

公共卫生间分四处设置在南北两个区域，均匀辐射服务于整个购物区，如图4-36功能位置分析图所示。

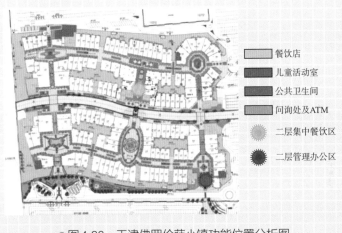

餐饮店
儿童活动室
公共卫生间
问询处及ATM
二层集中餐饮区
二层管理办公区

● 图4-36 天津佛罗伦萨小镇功能位置分析图

4.2 商业外部空间的规划

4.2.1 影响商业外部空间设计的因素

（1）建筑功能特征的体现

内部功能不同的建筑物对入口与门头的形态要求是不同的，因此建筑内部的功能与性质是入口与门头形态设计时首先要分析研究的重要因素。商场店面入口与门头的形态语言带有强烈的商业气息和吸引顾客的意图；餐饮娱乐空间的建筑入口与门头的语言则比较世俗、随和、休闲。另外，有些建筑的特殊使用功能也要求入口与门头有一些特殊的形态与环境。如人、车流量较大的建筑要考虑设置多个入口或建成立体交通网来疏散与缓解人流、车流，大型公共建筑入口与门头要设置较大的雨篷来满足停车、回车和人们上下车的需要等。总之，在设计中要充分体现"人性化设计"的理念。

案例

圣卡特纳市场

建于19世纪的圣卡特纳市场（Santa Caterina Market）（图4-37），是巴塞罗那第一座有屋顶的菜市场。因时代变迁，地区环境质量逐年恶化，街道狭窄、拥挤，缺少开放空间和服务设施，该市场早已不适合现代生活使用。1997年，当地政府为圣卡特纳市场更新及周围的都市更新举办了一项竞图，结果由西班牙著名夫妻档建筑师米拉莱斯（Enric Miralles）及Benedetta Tagliabue（EMBT）赢得了首选。

●图4-37 圣卡特纳市场

原有建筑是建于1845年的新古典样式建筑，长方形平面，四边皆有街道巷弄环绕。建筑师将正面及左右两面的白色石拱墙保留下来，拆掉了后面的石墙，并将墙线内移，挪出部分空间兴建公有住宅，市场和住宅间则留设了一个广场作为区隔。

更新后的圣卡特纳市场，最具特色之处在于其色彩缤纷、充满戏剧性的波浪状屋顶。挑高二三层楼的屋顶，由钢条、木板组构而成，线条优美。外层以20万块直径约15cm的六角形瓷砖，铺制出马赛克图案。瓷砖颜色多达67种，代表着不同的蔬果、鱼肉、生鲜食材。

先进、前卫、整洁的圣卡特纳市场有贩卖鱼鲜、肉品、蔬果和鲜花等60个摊位，无论布置和陈列方式都足以媲美百货公司，菜贩也都穿戴整齐，形象洁净。市场内设有酒吧和餐厅，买完菜，还可以舒舒服服喝个下午茶，顿时，买菜变成了一件既时髦又优雅的事。此外，市场里还提供无线上网及地下停车场，免费让顾客使用。

（2）建筑形态的制约

商业空间入口与门头是在建筑本体存在的前提下产生的。因此，建筑本体的形态应是入口与门头形态的母体。在设计入口、门头时，应注意与建筑本体的关系，通常包括以下三种方式。

① 强调整体的统一感与和谐感；

② 用对比的手法突出入口的位置或强调入口的力度；

③ 在某种特定的场合下，入口与门头的设计可以不顾原有的建筑形态而是主要依据自身的要求确定，这种方式通常应用在旧建筑改建为商业店面的项目中。

案例

有着独特卡车外形的冰淇淋店铺

这个名为"remicone"的奇怪的冰淇淋店铺位于韩国首尔江南区，以其有趣的外观而出名。建筑室内由betwin space design工作室设计，而其图形标识则由YNL design工作室完成。

● 图4-38　使用卡车外形作为店铺的特色店面

穿过一个卡车外形的商店立面，如图4-38所示，其内部空间则呈现出如同实验室或诊所的氛围，如图4-39所示。在这样一个洁净不染的餐饮空间中，一个传送带柜台（图4-40）置于明亮的摆放着栩栩如生的精选冰淇淋复制品玻璃展柜之上（图4-41）。

●图4-39　参照诊所环境营造干净的环境

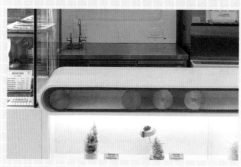

●图4-40　一条传送带重新定义为工作柜台

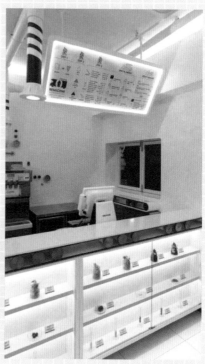

●图4-41　摆放着精品冰淇淋复制品的明亮玻璃陈列柜

（3）周围环境的分析

建筑周围的地形地貌、道路模式、空间环境、气候风向等一系列环境因素，也是影响入口与门头设计的因素之一。

在地形地貌中，如果商业建筑处于有高差的地形中，建筑应因势而就，其入口也应布置成多个入口以利人、车的出入。

在道路模式中，紧临城市道路而建的大型建筑，必定要远离规划红线，使入口处留出充分的空地作为缓冲空间使用，或将入口、门头设计为内凹型。

在空间环境中，如果建筑前空地较大，其入口除设置广场外，还可布置宽大的雨篷、门廊等，以满足交通、休闲等功能的需要，并可丰富入口的形态与层次。

在气候风向中，主要应考虑入口是否要增加遮蔽构件的因素。例如，处于热带的建筑，出于反射日光、通气遮阴的需要，其入口常设计成白色且宽大深远的门洞；而北方的建筑出于对保暖、避风的考虑，入口常采用双道门并施以深色。

案例
一个既像酒桶又像鲸鱼的 Cella 酒吧

该项目是对一栋被遗弃多年的建筑进行整改与扩建。设计师对墙、屋顶和门框进行了修复（图4-42），保存了旧有建筑的基本特征。内部则按照建筑被赋予的新角色（餐馆）重新设计，并使其符合现行的法规，如图4-43所示。

扩建部分为一个现代设计，使用了一种全新的建筑语言，如图4-44所示。它和与之相连的方方正正的旧建筑大相径庭，其动态有机的体量充满活力，如图4-45所示。无论是在形式还是在材料方面，设计都具有极大的柔软性，深受基地周围自然环境的影响，比如那既像岛屿，又像石头、鲸鱼或酒桶的轮廓。它就像一个巨大的雕塑，特意为这个基址而生，如图4-46所示。

●图4-42　设计师对墙、屋顶和门框进行了修复

●图4-44　扩建部分建筑形态

●图4-43　扩建部分内部空间　　　　●图4-45　新旧整合后的建筑形态

●图4-46　概念来源

（4）文化特征的表现

　　不同的时代、不同的地域、不同的民族有着各自不同的文化特征，人们对于建筑入口与门头的功能要求与审美情趣千差万别。不同的历史时期，人们的审美观是不同的。在古典的传统理念中，"和谐为美"一直被奉为设计和审美的原则，而现代人则较易接受个性美的准则。因此，在设计建筑入口与门头时，要充分考虑到这一重要因素，对于不同的建筑入口应施以不同的文化内涵，只有这样，才能设计出富有高品位个性特征的入口与门头。

　　另外，各种功能不同的商业建筑具有各种不同的建筑特征和文化内涵。因此，在入口与门头的设计中，还应充分考虑这一因素。

中美洲的静谧与惬意——巴拿马旅店

旅店American Trade Hotel坐落于巴拿马历史悠久的Casco Viejo区，1997年，联合国将此区列为世界文化遗产。旅店在2013年秋季开幕，建筑经过翻新后，更象征着传统与现代元素的融合。旅店的设计与实际功用，都反映着这块历史丰富的土地所孕育的文化，当代创意与传统已悄悄在此地融合萌芽，如图4-47所示。

旅店由洛杉矶设计团队Commune Design策划。通过解读American Trade Hotel旅馆蕴含的美学理念，似乎可以清晰见到Wes Anderson镜头下舒心与均衡对称的图像（图4-48）：轻盈饱满的色彩，和谐中带有静谧之美，富有奇想的童趣与生命力。这栋建筑的前身是公寓和银行，不难理解旅店命名的由来。大厅挑高的天花板使旅人一入门就感受到空间的开阔，简单又带点复古味的家具旁有绿意点缀，使每个角落不失生气。

Atelier Ace集团每至一地拓展据点，总试着找出建筑与当地环境的故事，透过格局与空间设计语言，如图4-49所示，精心铺陈出叙事性，让建筑诉说自己的过去与现在。在多年经营旅店的经验下，American Trade Hotel是Atelier Ace与巴拿马当地历史建筑维护团队CONSERVATORIO合作的新企划。通过两方顶尖团队的联手打造，出色又隐含故事性的人文建筑便由此酝酿。

草木扶疏，阳光穿过绿叶的隙缝，稀稀落落地洒下一地碎片。窗前不受植物掩映，直接将中美洲的热度透进室内，旅人的皮肤轻覆一层温暖慵懒的阳光，空气都可嗅到一丝惬意。仿佛与世隔绝的花园，独具一抹宁静，有时会有乐队演奏爵士，悠扬

● 图4-47　外立面设计

●图4-48　设计体现舒心与均衡对称的美学理念

乐音飘荡，与空间漾着共鸣的惬意涟漪。平铺的马赛克瓷砖，更反映出西班牙殖民下的痕迹，并透过花纹将视觉统一起来。这里共有50间客房，每一间都有充足明亮的光线。简洁明快的布置，让旅人尽情地享受悠闲舒适的假期。

●图4-49　精心的格局与空间设计

Atelier Ace并非抱持着引进其他旅店的形式再现于这块土地，而是思索如何将它维持一种新鲜、舒适、贴近人性感受之导向。而American Trade Hotel则担负着使者的角色，为周围环境、当地人文以及旅人三者间，搭起文化交流的桥梁。

（5）建筑经济的投资

经济性原则适用于任何设计。我们知道，建筑需要大量的资金投入，建筑入口与门头也同样如此，其规模的大小、材料的选用、装饰构件的制作、工艺技术的水平等无一不涉及资金数额的多少。其实，不管资金多少，我们都应该遵循经济节约的原则，在满足功能的基础上，尽量节约成本，不要一味地追求外表的豪华气派而不切实际地耗费大量的资金。

（6）政策法规的限制

如同建筑一样，商业空间入口与门头也受制于各种建筑管理的法规与政策，在设计前应充分考虑到这个因素。在《民用建筑设计通则》（以下简称《通则》）中严格规定：建筑物不得超出建筑控制线（建筑红线）建造，并且要在周边留出消防用的通道和设施。在人员密集的电影院、剧场、文化娱乐中心、会堂、博览会、商业中心等建筑中，至少要有两个不同方向的通向城市道路的出入口，而主要出入口应避免直对城市主要干道的交叉口。主要出入口前面要留有供人员集散用的空地，空地的面积应根据建筑的使用性质和人数来确定。

在门头的设计中，应该注意到《通则》中严格规定在人行道的地面上空2m以上方能有建筑突出物，且突出宽度不应大于0.4m；2.5m以上允许有突出的活动遮阳，突出宽度不应大于3m；3.5m以上方能允许有雨篷、挑檐，突出宽度不能大于1m；5m以上允许雨篷、挑檐的突出宽度不能大于3m。

另外，有些特殊性质的建筑还有各种特殊的规定，这里就不一一赘述，设计者应针对具体设计项目尽可能详尽了解各种规定和政策并认真执行。

（7）结构形式的确定

商业空间入口、门头的设计离不开建筑结构设计的配合，加建的重构型门头更要考虑建筑结构问题。在入口、门头设计中对结构问题的考虑主要是两个方面。

① 采用什么样的结构形式解决门头、门廊、雨篷等构筑物的受力问题，是悬挑结构，还是支撑结构。

② 门头、门廊、雨篷等构筑物的形态在结构上是否合理，有无实施的可能性。这些问题应该通过结构师进行结构计算和结构设计方能解决。

案例

Dior 首尔亚洲最大旗舰店

Dior位于首尔的旗舰店的设计，灵感来自于Dior创造雕琢的其自身的品牌气质。建筑的后半部分呈规矩的矩形，入口处像一朵开放的玉兰花，散发着迷人的香水味，人们从两朵花瓣之间进入店内。如图4-50所示。

●图4-50　Dior首尔亚洲最大旗舰店

（8）构造方法的选择

一个完美的商业空间入口、门头的设计需要选择合理的构造方法。一个成熟的建筑设计师、装饰设计师、室内设计师应该娴熟地掌握建筑构造、装饰构造的知识。诸如各种材料之间如何连接，各种材料的固定方法，各种装饰材料的性能等，所有这些问题设计师都必须做到心中有数、运用自如。另外，由于新型建筑材料、装饰材料的不断产生，设计师必须不断地认真研究新材料的性能并设计出新的建筑构造、装饰构造。

案例

迪士尼天鹅与海豚度假酒店

美国后现代建筑大师迈克尔·格雷夫斯异想天开的设计手法融入到酒店设计中，并将"天鹅与海豚度假酒店"作为整个游乐园的一个子部分：天鹅与海豚幻化成卡通人物，入住酒店的游客仿佛置身于又一个奇妙的童话世界。如图4-51所示。

海豚的设计源于自己心底的一个奇幻想法：一次突然的自然灾害，比如地下火山爆发或是地震灾害孕育出一个小岛，小岛从海底上升的过程中，海豚也被带到岸上，所以，酒店的屋顶是一个高为63英尺的海豚。酒店两侧的橡胶树叶则代表了岸边的树叶，而位于前幕墙中央的"黑盒子"则代表了山脉的心脏。在格雷夫斯的想象中，突然爆发的泉水流淌进海豚池中，同时泉水也四溅到两边的天鹅上，也就是酒店两侧的另外一组大型壁画。海豚和天鹅都是由钢铁、木头和纤维玻璃制成的，除了有支撑作用的结构梁，其余部分都采用中空设计。而酒店的内部设计也是由建筑师完成的：内部的墙面上是由设计师本人完成的大约200幅效果图。游客可以在这样一种极度自由的环境中欣赏到著名建筑师的多幅作品。

● 图4-51　迪士尼天鹅与海豚度假酒店

4.2.2 各类商业空间的造型设计

（1）大型商业复合型建筑

① 大型商业复合型建筑　这种建筑通常由写字楼、酒店、商业中心或公寓、住宅、车库等多项设施组成，大厦或建筑群本身就可能成为城市的著名建筑或标志性建筑，而设在其中的大型商场又通常被摆在最方便易找的部位。这些复合商业大厦的外观设计，或庄重典雅，或时尚前卫，或造型独特，成为当地最著名的建筑组团之一，享誉海内外。

② 新型商业街区、商业中心　它们以商业零售商场为主，集餐饮、娱乐等设施于一体，同商业复合型建筑相比，少了宾馆、写字楼等项目。它们的建筑组成通常以核心商场为主，与丰富的室内外环境布置和带有透光的廊道、中庭、步行街等有机结合，建筑外观和环境极具特色，如美国柏灵顿商业街、椰风步道，日本东京太阳漫步市场，北京的新东安市场、广

州的天河城广场等。

③ 以大型零售企业为核心的建筑　它包括大型零售百货商场和超级市场、仓储式商场。与前两种形式相比，这一类整幢建筑基本上由一家大型零售企业进行管理和控制，比较典型的有北京王府井百货大楼、北京西单百货大厦、上海友谊商厦、深圳沃尔玛、广州百货大厦、广州正大万客隆、广州友谊商厦等。

在大型商场的建筑立面上，通常用色彩对比、形体对比、材料质感对比和虚实来强化入口与门头的视觉效果。为了适应人们"购物、休闲一体化"的观念，应该尽可能地扩大入口空间，通常有以下四种做法。

●图4-52　悉尼市民中心

a.在入口用地面积较紧时，作凹入门廊。

b.在用地面积略为宽裕时，构筑外凸的门廊或悬挑。

c.临街商场可在避开人流的位置设置桌椅和遮阳篷，供人们休息与交流。

d.大型商场尽可能地退后于城市道路而建，留出广场空间。在满足停车要求的基础上，可以设置绿地、铺装、水果、休闲桌椅、雕塑小品等，营造出供人们休闲和观赏的空间环境。图4-52所示为悉尼市民中心。

（2）商业街上的小商店入口、门头的特点

商业街上林林总总的小商店规模不一、名目多样。由于现代社会中激烈的经济竞争机制，导致它们正向各自以醒目的门头和广告来突出自己的商店，达到招揽顾客的目的。在现代商业街上，这种缤纷繁杂的门头和琳琅满目的广告重重叠叠、交错并融，广告之间的概念已趋于模糊，这也是现代商业街上的一大特色。

商业街的小商店一般都设在多层或高层建筑的底部数层。这些小商店因经营问题经常改换门面，因此，设计中应将门头的造型尽量简化，并选择价格较便宜的装饰以构筑一个易拆、易换的商店门头。近几年，一部分小商店在建造门头时出于经济实惠的目的，大量地运用灯箱广告制作。这种门头色彩鲜艳，特别是在夜间，更是光鲜醒目，营造了浓郁的商业气氛。

案例

上海某甜品店设计

上海Lukstudio制作室为一个刚进入市场的新品牌设计了他们的店面。所选基地的周边环绕着耳熟能详的咖啡店和甜甜圈连锁店，街对面是新开张不久的高端商业中心，多为奢侈品品牌。设计挑战在于如何设计一个在这片繁华中脱颖而出的店铺，来吸引高端社区的顾客。

设计的概念来自于拆开一个Aimé彩盒的独特体验（图4-53）：首次撕开它的包装，接着一层层地打开透亮的半圆形包装纸发现内部缤纷的马卡龙（Macarons，一种用杏仁粉制作的小圆饼，中间抹有水果酱或奶油等内馅）。

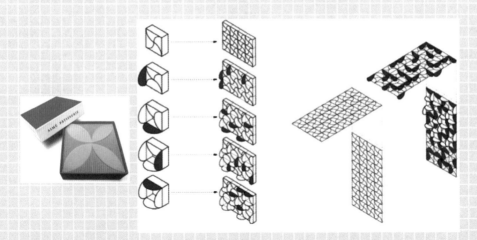

● 图4-53　设计的概念来自于拆开一个Aimé彩盒的独特体验

这种打开礼盒的次序赋予了商店招牌设计的形式，而橱窗展示则是由四层半透明的半圆形图案组成，如图4-54所示。

在室内，L型的平面被分成两个区域：一个是带吧台的入口门厅，一个则是后方的九米长的展示柜用以陈列与展示那些马卡龙。

吧台后设置了一面照明墙，这面墙是由不同打开状态的钢制礼盒组成的，并且一直延伸到了天花板（图4-55）。如此便创造出一个模块化系统，不但用作展示货柜，而且顶部的开口能够收纳聚光灯、音响系统和保安系统等设备，这也是设计的一个核心点，如图4-56所示。

●图4-54　甜品店店面设计

●图4-55　礼盒装饰一直从墙上延伸至了天花板　　●图4-56　背景墙与货架

（3）专卖店、特色店入口、门头的特点

专卖店以它的品牌效应和企业形象招揽顾客。因此，这类商店的门头注重表现企业标志，以它典雅、大方的艺术品位来取悦于人，不宜作过多的装饰。其入口与橱窗往往用大面积玻璃制作，既可以更好地展示商品，还能通过这种通透感来增加与顾客之间的交流，增强其亲和力。

特色店应着重表现其"特色"所在，常用的手法是在门头上通过标志、图案、色彩来喻示这种"特色"。比如，首饰珠宝店的门头可用大红和黄色渲染一派"富贵气"；药店的门头用大面积的绿、蓝、白色渲染，使人们获得清洁、明亮的感受；儿童用品商店的门头就用稚嫩的色彩装饰，并在入口处放置玩具和装饰物。

案例

宝姿1961 上海旗舰店

在上海南京西路与常德路交会的路口，一幢外墙用玻璃块砌筑的建筑很醒目、很吸引人。整个店铺的门面乍一看像是一座在飘浮在海洋上的浮动冰山，根据设计团队的说法，他们也希望这一形象在某种意义上能够体现一种被都市环境塑造成型的概念。此外，这个项目也暗含了设计团队想要探讨设计实验的可能性，即如何在繁忙的十字路口设计一个鲜明突出的门店。如图4-57所示。

● 图4-57　宝姿1961上海旗舰店

4.3　商业内部空间的规划

4.3.1 商业内部空间的组织功能

（1）商品的分类与分区

商品的分类与分区是空间设计的基础，合理化的布局与搭配可以更好地组织人流、活跃整个空间、增加各种商品售出的可能性。

一个大型商店可按商品种类进行分区。例如，一个百货店可将营业区分成化妆品、服装、体育用品、文具等。也有的商店将一个层面分租给不同的公司经营，这一层层面自然按不同公司分成不同部分。

韩国高阳 Matthew&Joelle's 儿童乐园

● 图4-58　玩具王国人物的童话故事场景

作为易买得首次推出的 kids'park，场地是一个独特并且充满趣味性的儿童乐园，设置了不同的活动区域、游乐设施和餐饮空间，其中包括六个对孩子的发展至关重要的游戏活动区域，可以让孩子充分发挥出想象力、社会协调性、创造性、肢体协调性和身体活力以及观察力。每个区域都有一个独特的设计，鼓励孩子们自己进行不同的选择和尝试，这使得场地完全不同于以往类似的设施。

"玩的航程"是儿童乐园的概念化的主题，在此基础上，玩具王国带来了4个玩具王国人物的童话故事，开始了一个通往玩具世界的旅程。一旦孩子们通过玩具士兵马修和乔尔把守的大门，并到达火车站，他们便开始了旅程，其最终的目的地就是玩具的仙境（图4-58）。

体验区（图4-59）分为3个部分，每个部分都有不同的概念。第一个是一个舒适的村庄，由游戏工厂、小社区、艺术场地、艺术工作室和魔术变革工作室组成。游戏工厂提供给儿童的是各种可由自己进行DIY的组装玩具部件和个人定制玩具。在艺术场地和艺术研讨会上，孩子们可以尝试各种材料和产品的"创造性游戏"，而在魔术变革工作室，他们有机会通过"假装游戏"，成为他们一直梦想的人，实现他们的最终幻想。

●图4-59　体验区

　　屋顶运动场（图4-60）是一种将身体和运动相结合的设施，可以为孩子们打造虚拟的环境，让孩子们像是在云端上从一个屋顶跳到另一个屋顶。这是一种吸引所有感官的方式，同时也会散发出一种神秘的气氛，因为黑暗和雨水会不时地降临。

　　游戏王国的终点是一片野生迷宫（图4-61）等待着孩子们，通过令人兴奋的冒险以及周围的动态视觉和声音效果，加深孩子们对深海、恐龙、南极、丛林的认识，该区是认知和发现的区域，旨在让孩子们发现新的兴趣，幻想一场别开生面的冒险之旅。

　　每个部分拥有不同的主题、风格，具有不同的吸引力，而古典风格的基调和方式在玩具王国中有普遍的应用，在一个统一的外观下，创造出其品牌标识。

●图4-60　屋顶运动场

●图4-61　野生迷宫

　　（2）购物动线的组织

　　商业空间的组织是以顾客购买的行为规律和程序为基础展开的，即：吸引→进店→浏览→购物（或休闲、餐饮）→浏览→出店。

（3）柜架布置基本形式

柜架布置是商场室内空间组织的主要手段之一，主要有以下几种形式。

① 顺墙式　柜台，货架及设备顺墙排列。此方式售货柜台较长，有利于减少售货员，节省人力。一般采取贴墙布置和离墙布置，后者可以利用空隙设置散包商品（图4-62）。

② 岛屿式　营业空间岛屿分布，中央设货架（正方形、长方形、圆形、三角形），柜台周边长，商品多，便于观赏、选购，顾客流动灵活，感觉美观（图4-63）。

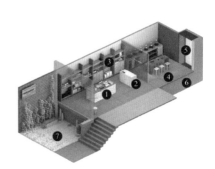

●图4-62　里韦罗·冈萨雷斯葡萄酒售卖店

●图4-63　爱马仕时尚女装店

③ 斜角式 柜台、货架及设备与营业厅柱网成斜角布置，多采用45°斜向布置。能使室内视距拉长，造成更深远的视觉效果，既有变化又有明显的规律性（图4-64）。

④ 自由式 柜台货架随人流走向和人流密度变化，灵活布置，使厅内气氛活泼轻松。将大厅巧妙地分隔成若干个既联系方便，又相对独立的经营部，并用轻质隔断自由地分隔成不同功能、不同大小、不同形状的空间，使空间既有变化又不杂乱（图4-65）。

●图4-64 斜角式服装柜架设计

●图4-65 东京Miu Miu专卖店

⑤ 隔绝式 隔绝式是用柜台将顾客与营业员隔开的方式。商品需通过营业员转交给顾客。此为传统式，便于营业员对商品的管理，但不利于顾客挑选商品（图4-66）。

⑥ 开敞式 将商品展放在售货现场的柜架上，允许顾客直接挑选商品，营业员的工作场地与顾客活动场地完全交织在一起。能迎合顾客的自主选择心理，造就服务意识，是今后的首选（图4-67）。

●图4-66 日本林中的售卖亭

●图4-67 浪漫一身服装店

案例

Comme Moi 上海旗舰店

　　项目位于上海装饰艺术风格的东湖宾馆内，平面图如图4-68所示，店面经过了多次改造和装修，设计团队则力求保留这些多样的历史痕迹。设计中增加了另一层维度，新的元素旨在体现品牌年轻而精致的审美风格。

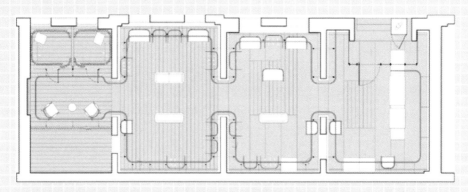

●图4-68　平面图

●图4-69　导轨形成的悬挂陈列柜的支架和包裹展示单元的金属网

●图4-70　零售空间由连续的导轨和地板连接

　　以四个连续的房间组成一个空间序列，零售空间用连续的导轨连接，这些导轨同时也成为专门设计的悬挂陈列柜的支架。这些展示单元被金属网包裹，使它们能够在富含历史感的环境中脱颖而出，如图4-69所示。

　　水磨石地面统一了空间，局部凸起，形成具有雕塑感的功能区域，例如接待处和休息区，由金属导轨和连续地板引导，在休息区结束自己的旅程之前，参观者可以在不同的展示室内自由地转悠，如图4-70所示。

　　（4）营业空间的组织

　　① 利用货架设备或隔断水平方向划分营业空间　其特点是空间隔而不断，保持明显的空间连续感。同时，空间分隔灵活自由，方便重新组织空间。这种利用垂直交错构件有机地组织不同标高的空间，可使各空间之间有一定分隔，又保持连续性。

　　② 用顶棚和地面的变化来分隔空间　顶棚、地面在人的视觉范围内占相当比重，因此，顶棚、地面的变化（高低、形式、材料、色彩、图案的差异）能起空间分隔作用，使部分空间从整体空间中独立，是对重点商品的陈列和表现，并较大程度地影响室内空间效果。

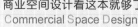

案例

分隔层高打造开敞**的零售空间**

这个项目包含kki sweets以及the little dröm这两个品牌的空间，但这两个迥然不同的空间共用新加坡艺术学院内的同一间店面，因此，这个项目的一个最重要的任务即是展现两个品牌空间上的差异性。

两个空间中，较大的一间属于KKI甜品店。设计方案深受大学校园内建筑的影响，并通过开孔的"基准面"（datum plane）隔墙为整个店铺创造出内外视线的渗透。在KKI甜品店中，上部的体量通过开口为室内带来了自然采光，而与此同时，下部的体量则服务于实际用途，比如桌子、书架和架起的座位。

●图4-71　两个零售商店共享同一个"基准面"的概念

●图4-72　小巷将整体空间切割为不同的两部分

●图4-73　多孔格子结构使整个空间可以从内部进行观察和体验

基准面延续到 Little dröm 这家店铺中。与之前构建多个体量的策略有所不同，这家店铺创造了一个整体体量并最终形成了一个树屋——一个与品牌理念密切相关的主题。尽管两个零售商店都采用了"基准面"这一概念，如图4-71所示，视觉上却是完全分隔和独立的个体。与此同时，一个"内部街道"贯穿两个空间，如图4-72所示，并通过使用不同风格的标识系统设计将客人引导至不同的品牌，多孔格子结构使整个空间可以从内部进行观察和体验，如图4-73所示。

（5）营业空间延伸与扩大

根据人的视差规律，通过空间各界面（顶棚、地面、墙面）的巧妙处理，以及玻璃、镜面、斜线的适当运用，可使空间产生延伸、扩大感。比如：将营业厅的顶棚及地面延续到骑楼下方，使内外空间连成一片，起到由内到外延伸和扩大作用；玻璃能使空间隔而不绝，使内外空间互相延伸、借鉴，达到扩大空间感的作用。

随着人们物质生活水平的提高，商业空间要求建筑与环境结合成一整体，有些商场已将室外庭院组织到室内来。

案例
充满渔业风情的日式餐厅

这是一家日式餐厅，两个连续房间的衔接打造出三个氛围截然不同的空间：主厅、私密空间和传统的寿司吧台，如图4-74所示。在最大的一个空间里有一张呈蜿蜒状的大桌子（图4-75），供顾客同时使用，增加人与人之间的交流互动。

"私密"空间呈隧道状，由一连串轮廓鲜明的几何形廊道组成，廊道装有龙凤檀木饰面。后面的寿司吧台装有人造石台面，顾客可以在那里参观寿司的制作过程，如图4-76所示。

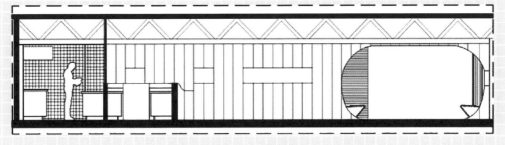

●图4-74　剖面图

●图4-75　一张呈蜿蜒状的大桌子　　　　●图4-76　隧道状"私密"空间

4.3.2 商业空间的构成

　　商业空间的基本空间形态及组合构成关系，均源于最基本的空间构成变化规律。而特定的商业行为及消费心理介入，又使其具有明显的"商业"特点。下面一起来探讨下商业行为对一些基础的空间形态产生的影响和满足商业行为的一些特定的空间组合构成关系。

●图4-77　德国MIELE体验展示厅

●图4-78　ROEN专柜展示设计

（1）商业空间构成的基本形态

　　① 设立　"设立"又称为中心限定，是以整个展示空间的中心为重点的陈列方法。把一些重要的、大型的商品放在展示中心的位置上突出展示，其他次要的小件商品在其周围辅助展示。

　　"设立"形态的特点是主题突出、简洁明快。一般在商铺入口处、中部或者底部不设置中央陈列架，而配置特殊陈列用的展台。它可以使顾客从四个方向观看到陈列的商品。"设立"形态产生空间核心区间和视觉中心，吸引顾客立即感知商业核心信息，产生强烈的购买欲望和新奇感受，最大限度地吸引消费者，还可以相关的导向系统指引客户到达，如图4-77所示。

② 围合 "围合"是指在大空间内用墙体或者半通透隔断方式，围隔出不同功能的小空间，这种封闭与开敞相结合的办法，在许多类型的商业空间中被广泛采用。

"围合"的手法可以把相对开放的展示区域与具有相对私密的沟通服务区域分隔开。不同的区域配合不同的营销和商品展示，使客户产生尊贵感，更好地专注于消费行为本身，如图4-78所示。

③ 覆盖 "覆盖"是指在开阔的区域规划出特定的区域，用天棚覆盖的方式，在大空间中形成半开放式的区间，营造集中、安全、亲密感的空间感觉。"覆盖"分隔出来的空间，建筑上一般称为"灰空间"。适合在大空间中聚集人流，是人流停留率较高的一种空间形态，如图4-79所示。

●图4-79　KOUDEE 2015上海CHIC展厅　　●图4-80　德国斯图加特GERBER购物中心

● 图4-81　云南昆明保利大家"儿童主题"商业项目展示区

④ 下沉　室内地面局部下沉，在统一的室内空间中就产生了一个界限明确、富有变化的独立空间。由于下沉地面标高比周围的要低，因此有一种隐蔽感、保护感和宁静感，使其成为具有一定私密性的小天地。消费者在其中休息、交谈也倍觉亲切，较少受到干扰。同时，随着视点的降低，会感觉空间增大（图4-80）。

⑤ 地台　将室内地面局部升高也能在室内产生一个边界十分明确的空间。地面升高形成一个台座，和周围空间相比变得十分醒目突出，因此它们的用途适宜于惹人注目的展示、陈列或眺望。许多商店常利用地台式空间将最新产品布置在那里，使消费者一进店堂就可一目了然，很好地发挥了商品的宣传作用（图4-81）。

⑥ 悬架　用一些特殊的动态展架，使商品放在上面可以有规律地运动、旋转，还可以巧妙地运用灯光照明的变换效果使人产生静止物体动态化的效果，巧妙变化和闪烁或是辅以动态结构的字体，能产生动态的感觉。此外，也可在无流动特性的展品中增加流动特征。

案例

斯德哥尔摩服装概念店

Fifth Avenue Shoe Repair是瑞典本土的时尚品牌，他们关注传统的服装，通过解构从中提取元素再重组为新设计。新概念店的设计方案必须满足其作为零售空间的商业性需求，但更重要的是空间氛围必须与品牌形象相契合。

概念店的空间设计方案将品牌惯用的设计手法通过建筑语言表达出来，如图4-82所示。现有的空间结构经过调整以满足零售店在功能和商业上的需求。定制的家具充满了矛盾性——外形看似楼梯但显然有其他的用处。

基础形式经过折叠和旋转，客人在商店中穿行时，随着角度的改变将会在同一个展柜上看到不同的产品。盘旋上升的形式让客人体验到一个不断变化的空间，并跟随引导在空间内穿行。

⑦ 穿插 "穿插"是指把几个不同的形态，通过叠加、渗透、增减等手法组合出一个灵动、通透、有视觉冲击力的新形态。"穿插"的手法经常运用在商业空间的设计中，产生符合商品定位的形态，吸引消费者的注意力。

●图4-82 斯德哥尔摩服装概念店

案例
Skechers 品牌公司儿童 / 婴儿鞋的展出空间

这家店铺的主要设计概念是"即使是成人来到这里，会被唤起童年的印象记忆"。这里的空间设计采用了基本的几何形状，塑造出诸如游乐场、糖果、摩天轮等形态，成为了富有乐趣和丰富多彩的游戏空间，联合细节曲线的形式组成全新的设计结构，象征着运动的感觉，如图4-83所示。

●图4-83 Skechers 品牌公司儿童/婴儿鞋的展出空间

⑧ 阵列重复　"阵列重复"是指把单一或者几个基本元素在空间中重复排列，达到整齐有力的空间效果。"阵列重复"本身就产生一种序列的形式美感，在许多功能相对单一的大型商业空间会运用此种形式，如超级市场，或者古典风格的服装店等。

案例

层叠木板营造虚实结合的鞋店

这家装修风格独特的纽约FEIT鞋店，设计概念探讨了传统手工艺技术和使用机器技术之间的平衡点。每一块几何木板都是由CNC技术切割，手工打磨，然后场外预先组装成模块，在场地内完成复杂的构建过程。与众不同的通高层叠的桦木胶合板展示了一种干净的虚实结合的几何形体美，如图4-84所示。

照明和室内空间设计相辅相成，灯光设计给空间增加了室内空间深度，结合表面的反射，扩大了整体展示装置的透明度。装在木板装置上的LED灯光可以根据春夏秋冬季节的变化改变颜色，如图4-85所示。

●图4-84　层叠的桦木板材构成的　　　　●图4-85　LED灯光增加了空间的
　　　　　 虚实空间　　　　　　　　　　　　　　　　深度感

（2）商业空间的序列组合

各商业空间单元由于功能或形式等方面的要求，先后次序明确，相互串联组合成为不同的空间序列形式。现代商业空间中，中心式、线式、迂回通道式、组团式是比较常见的空间序列组合方式。

① 中心式组合　中心式空间序列组合适用于中轴对称布局的空间，以及设有中庭的空间等。中心式空间序列组合设计强调区域主次关系，强调中轴关系，强调区域共享空间与附属空间的有机联系。中心式组合的空间形态强烈对称，冲击感强，富有递进、庄重、有序的感受。通常在开阔的市政广场、大型购物中心的中庭、酒店大堂等，会采用这种强烈有力的空间序列组合手法，而"设立""地台""下沉""覆盖""悬架"等都是中心式组合的常用空间形态。

a.向心式构图。由一个占主导地位的中心空间和一定数量的次要空间构成。以中心空间为主，次要空间集中在其周围分布。中心空间一般是规则的、较稳定的形式，尺度上要足够大，这样才能将次要空间集中在其周围。

中庭由于其空间构成元素的多样性以及空间尺度的独特性，使之成为整个商业空间设计的重点。在设计中应着力体现城市的社区性、功能性及娱乐性，从而成为整个购物中心营造气氛的高潮。中庭的构成元素包括自动扶梯、观光电梯、绿化小品等及特定营造气氛的要素。集中式组合内的交通流线可以采取多种形式（如辐射形、环形、螺旋形等），但几乎在每个情况下流线基本上都在中心空间内终止。

中心式组合通常有"中心对称"以及"多中心均衡"两种主要组合形式。两者的区别是"中心对称"强调对称美感，通常有一个视觉中心区；而"多中心均衡"着重于均衡构图，不强调绝对对称，通常有两个或者三个视觉中心区。

b.视觉中心。在现代商业空间设计中，每个空间形态都具备有色、有质、有形、有精神含义的特征。这些空间形态在视觉关系中形成了一定的序列关系，形成了"主与次""虚与实"等形式现象。而所形成的"主""中心""精彩""实"的部分就是"视觉中心"。

视觉中心有突出空间核心元素的辨识的作用。形成视觉中心一般的手法有特异形象、图像体量较大、色感强烈、动态形象等。

视觉中心的特点：一方面充当"视觉中心"的造型，通常居于区域的中心位置，以强有力的造型作为视觉主导，起到聚集人气、指导流线的作用。另一方面，充当"视觉中心"的

象征，通过材质和造型元素的处理，会赋予一定的象征意义，往往能反映出商业空间的内在精神含义。

②线式排列组合　线式组合是将体量及功能性质相同或相近的商业空间单元，按照线型的方式排列在一起的空间系列排列方式。线式组合是最常用的空间串接方式之一，适用于商业街及平层的商铺区，具有强烈的视觉导向性、统一感及连续性。统一元素风格的走廊、完善的导购系统等都是线性排列组合的常用手法。

a.线式组合常用走廊、走道的形式在空间单元之间相互沟通进行串联，从而到达各个空间单元。商业空间中过道的作用是疏散和引导人流，也影响商铺布局。商场过道宽度设置要结合商场人流量、规模等因素，一般商场的过道宽度在3m左右。过道的指引标志主要是指引消费者的目标方向，一般要突出指引标志。特别是在过道交叉部分，指引标志设计要清晰。通过过道和商铺综合的考虑，最大限度地避免综合商场内的盲区和死角问题，同时，更要考虑到消费者在商场内购物的自然、舒适、轻松的行为过程和心理感受。

b.线式组合经常与集中式组合配合使用，这类组合包含一个居于中心的主导空间，多个线式组合从这里呈放射状向外延伸。这种组合方式也称为"放射型组合"。

将线式空间从一个中心空间辐射状扩展，即构成辐射式组合。在这种组合中，集中式和线式组合的要素兼而有之，辐射式组合是外向的，它通过线式组合向周围扩展，一般也是形式规则。以中心空间为核心的线式组合，可在形式长度方面保持灵活，可以相同也可以互不相同，以适应功能和整体环境的需要，它同样也受到建筑造型及结构形式的制约。

导购系统的设计，使识别区域和道路显得简单、容易。商业空间的室内设计中导购系统尤为重要，如果说商业空间是一部书，导购系统就是书的目录，它是指引消费者在商品海洋中畅游自如的导航灯。导购系统的设计应简洁、明确、美观，其色彩、材质、字体、图案与整体环境应统一协调，并应与照明设计相结合。

c.线式组合设计，需要注意增加局部变量，使空间连续形态更为丰富。

d.线式组合也可与迂回通道式组合，多设立交叉路口的设计或者采用回路的方式。四通八达的商业路网，可以使消费者购物时快捷到达要去的区域，可以增加更多行走路线的选择。线式组合的特征是长，因此，它表达了一种方向性，具有运动延伸增长的意味。有时如空间延伸或受到限制，线式组合可终止于一个主导的空间或不同形式的空间，也可终止于一个特别设计的出入口。线式组合的形式本身具有可变性，容易适应环境的各种条件，可根据地形的变化而调整，既能采用直线式、折线式，也能采用弧形式，可水平，可垂直，亦可螺旋。

③ 组团式组合 组团式组合通过紧密、灵活多变的方式连接各个空间单元。这种组合方式没有明显的主从关系，可随时增加或减少空间的数量，具有自由度，是指由大小、形式基本相同的园林空间单元组成的空间结构。该形式没有中心，不具向心性，而是以灵活多变的几何秩序组合，或按轴线、骨架线形式组合，达到加强和统一空间组合，表达出某一空间构成的意义和整体效果。适用于主题性较强的体验店、娱乐场等，显得空间活泼，层次多样。

a.组团式可以像附属体一样依附于一个大的母体或空间，还可以彼此贯穿，合并成一个单独的、具有多种面貌的形式。

b.可以区分多个视觉中心，突出不同的产品展示，满足差异化区域。

c.组团式布局使得空间有机生动，但是要合理安排交通流线，避免空间混乱。

案例
OMA 改造的柏林卡迪威百货商场

卡迪威（图4-86）自1907年开业以来，在欧洲大陆就确立了自己最大百货商场的地位。

对于本次改造项目而言，由雷姆·库哈斯主持的这家荷兰建筑事务所提出将这座9万平方米大小的建筑分成四个"象限"（图4-87）。每个象限代表了不同的建筑形式和商场特质，以面向不同的消费群体。

● 图4-86 柏林卡迪威百货商场

● 图4-87 将空间分成四个象限

如图4-88所示，屋顶直接与室内空间相连接，这种独特的策略在同一屋顶下形成四个各不相同的百货商场，"把原来的大体块分成几个更小的、更容易到达和更加畅通的部分，就好像不同的城市区域都在统一的城市肌理中共存一样。"顺应十字形的组织方式，每个部分都会通过不同的街道入口到达，如图4-89所示。

在整个九层高的建筑中，通高空间在大小和外延上均会被改造，防止有任何的重复，让每层楼都与众不同。

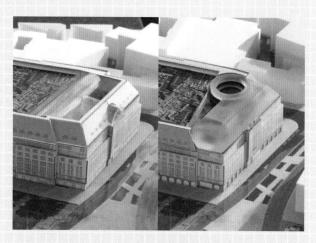

●图4-88　屋顶直接与室内空间相连接

●图4-89　十字形的组织系统强化了每个商业楼层内象限的表现概念

05

公共空间
展示设计

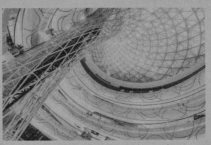

商业展示设计所创造的环境是城市景观构成的主要因素，琳琅满目的商场、超市、专卖店、饭店、商务休闲酒吧、迪厅、美容美发厅等，是实现商品交换、满足人类消费需求、体验商品经济的前沿阵地，其五光十色、鳞次栉比的特色，以形、色、声、光组成适应人类各感觉机能的愉悦空间。

5.1　出入口

现代商业建筑的出入口有以下几种类型：主出入口、次出入口、地下楼层出入口、下沉式广场出入口、错时经营出入口、员工出入口、卸货平台出入口、紧急疏散出口、垂直交通出入口、垃圾清运出口等。

现代商业建筑主出入口的位置、大小、流量、门型的设计都关系到经营功能的需求和客流量的变化。主出入口位置的设计涉及建筑外立面的形式与形象。主出入口一般都是迎宾通道，是室外节庆日活动、商品营销活动的主背景，是室内外交通的节点和过渡区位。主入口由三组以上对开门（一组2m）构成。如果把自动旋转门（一般宽度在2.6m以上）设置在中间，两侧也要有一组以上的双对开门，以利于紧急疏散。北方城市的入口门一般为两排门，既防风护沙，又保温节能。冬季时，有的商店甚至还要临时加一层防止穿堂风的装置。

主出入口外檐除了考虑2.5m的雨雪遮挡设计之外，还应有残障坡道扶手等。主出入口内部的门厅空间由窄变宽，豁然开阔为最佳设计，能给人以"登堂入室"的尺度感觉，使顾客获得空间的自由度，以便轻松购物。门的尺度、比例、质感、轻重都会带给顾客心理暗示。入口空间的环境设计是吸引顾客进入商场的第一个视觉点和感受空间，也是商场环境设计定位的重要部分。

案例
唐山爱琴海购物公园

如图5-1（a）所示，主入口模数化格栅减缓立面大面积可能有的厚重凝滞感，并借此排列衔接起暗隐起伏的流动与节奏感，突破方矩的流体线条，营造有虚有实、亦静亦动的径流意象。它的半透明性因不同时段的光感强弱而使空间体现更加温婉的气质。从立面的格栅线条出发，以一种象征性的形式向内伸展，贯穿至入口以内的场景。

次入口[图5-1（b）]迎面进入便可看到天花悬挂式艺术装置灯具，被想象成一个妙趣横生可向不同空间转化的功能的要素，一种流动的不断向内探索的欲望延伸，同时也形成了内外景象互为流转的姿态。

（a）主入口模数化格栅　　　（b）次入口天花悬挂式艺术装置灯具

● 图5-1　唐山爱琴海购物公园入口

5.2　中庭

作为共享空间的中庭，其设置源于以下几个方面的需要：①空间集散，交通枢纽；②视距的调节，疲劳的舒缓；③奢侈的空间，氛围的营造；④室内环境室外化，购物环境娱乐化；⑤城市大客厅，休闲好去处；⑥空气调节的"肺"，心理调节的"场"；⑦自然光的引进；⑧空间秩序的直观导向。

综上所述，不难看出现代商业建筑中中庭的多种功能与作用。这种中庭设计甚至成为评定星级商店的必要条件。中庭的设计随着建筑物体积不断增大也不断地普及。它给人们提供休息、交流、观景、约会的空间。它有解决交通集散、综合多项功能、集合景观环境、组织视觉筹划、完善公共设施、提供信息传播的多种作用。

中庭空间是商业建筑空间形象中的一个精彩的高潮情节，给建筑本身注入生命的活力，也使建筑变得更有性格特点了。中庭空间的营造从物质层面上讲，它就是别具风格的景观中心；从精神层面上讲，它就是人们调节心情的文化剧场。

中庭空间的商业实用价值体现在商品推广、文化营销上，节庆日的活动展示也是非常重要的促销手段。中庭空间的视觉艺术可以分成不同的主题：春夏秋冬、雨雾冰雪、历史景观、青春情爱等，营造一种人文关怀的气氛。

案例

武汉万达购物中心

武汉万达购物中心（图5-2）的设计中，人流被引向通往正面的主路和建筑的入口，其后由三个主入口进去的游客被引向两个内庭。

"协同流动"的概念是整个设计的关键，建筑外壳流畅的接合，程序控制的动态立面灯光效果设计和内部的图案语言，引导顾客从中央内庭通过连接的廊道往上层走。

室内设计的理念是围绕南北中庭展开的，营造两种截然不同，但却浑然一体的氛围。中庭成为广场传统和现代性相结合的中心，几何的形状、材质和细节的变化体现这些不同的特征。北部中庭有两个主要出入口，是主厅，而南部中庭则更加亲和些。北部中庭的特点是有温暖的金色和青铜色材质，有文化和传统的韵味。南中庭在一些细微之处采用带有反光效果的银色和灰色材料，体现了城市的特征和节奏。南北两个中庭都有漏斗状结构的天窗，把屋顶和地面层联系起来。每一个漏斗状结构由2600层玻璃覆盖，并且上面有数码打印的复杂图案。此外，每个漏斗内都配备了双向的全景升降电梯。

● 图5-2　武汉万达购物中心

5.3 店铺进深面宽比

购物中心店铺进深过大会带来消防问题。从消防规范的角度考虑，购物中心店铺进深宜控制在16～18m以内。除影院、超市等大中型主力店以外，零售商铺常见的进深面宽比为1：2，一般不超过1：3，如图5-3和图5-4所示。

●图5-3 杭州万象城

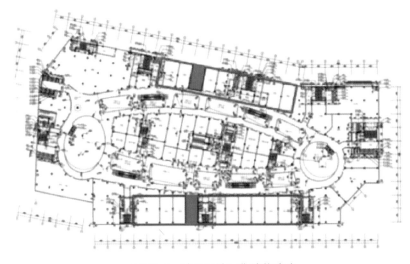

●图5-4 武汉万达汉街购物中心

进深面宽比的影响如下所述：

① 面宽直接影响商铺展示性，进而影响商家尤其是品牌商家的进驻决策；
② 进深影响商户经营活动的开展，进而关系到商户的营业收益；
③ 从购物体验来说，店铺数量影响到楼层的整体品牌丰富度。

5.4 层高与柱网

5.4.1 层高

购物中心的一层商业空间净高通常为3.8 ~ 4.2m；购物中心二层及以上商业空间净高通常为3.3 ~ 3.7m。

层高与净高之间的高度差值一般由四部分高度组成，分别是结构、设备、吊顶和地面。

合理的层高与净高之间的高度差值通常在1.8 ~ 1.9m。

特殊业态：例如影院、影厅部分层高一般要求10m左右，最适宜为12.5m；如带IMAX厅，则层高要做到15m以上。

表5-1为相关购物中心楼层层高及净高比较。

表5-1 相关购物中心楼层层高及净高比较

项目名称	总体信息 层数	B3商业	B2商业	B1商业	F1	F2	F3	F4	F5	F6	F7	F8
北京万科广场	地上8层 地下4层			5.6 3.8	6.05 4.05	5.3 3.6	5.3 3.6	5.3 3.6	5.8 3.6	5.3 3.6	5.3 3.6	5.25 3.6
北京长阳万科广场	地上4层 地下2层			6.05 4	6.05 4	5.5 3.6	5.5 3.6	5.5 3.6				
北京旧宫万科广场	地上5层 局部7层 地下2层			5.4 3.7	6 4.2	5.4 3.7	5.4 3.7	5.4 3.7	6 3.7			
深圳九州万科广场	地上5层 地下3层			6.2 3.7	6 4.2	5.5 3.7	3.7	5.5 3.7	5.5 3.7			

续表

项目名称	层数（总体信息）	B3商业	B2商业	B1商业	F1	F2	F3	F4	F5	F6	F7	F8
上海七宝万科广场				6 4.1	5.4 3.3	5.4 3.3	5.4 3.3	5.4 3.3				
北京来福士				5.3 3.35	6.05 4.2	5.25 3.6	5.25 3.6	5.25 3.6	5.25 3.6			
成都来福士			5.5 3.8	5.75 4	6.55 4.5	5.3 3.3	5.3 3.3					
宁波来福士	地上5层 地下3层			5.25 3.6	5.7 4.05	5.2 3.6	5.2 3.6	5.2 3.6	5.75 3.6			
成都万象城	地上6层 地下3层			5.6	6 4.2	5.7 3.7	6	6 4	5.4 4	4.2		
杭州万象城	地上5层 地下3层			7 4.4	6 4.4	5.2 3.6	6 4.3	5.6 3.9	7 4.4			
青岛万象城	地上7层 地下3层	5.8 3.5	5.8 3.5	5.8 3.5	6.7 4.4	6 3.7	6.5 4.2	5.5 3.2	6.5 3.5	5.5		
平均值				5.795 3.78	6.10 4.21	5.34 3.57	5.62 3.72	5.47 3.62	5.84 3.71			
层高净高之差				2.01	1.89	1.86	1.90	1.85	2.13			

注：□—层高；■—净高。

5.4.2 柱网

商业展示需要尽可能大的柱网尺度，综合其他因素考虑，建议使用8.4m×8.4m的柱网，如图5-5所示。

柱网要满足商铺开间要求和地下停车要求。

柱网尺寸决定了商业展示空间的尺度，影响梁高、层高和停车效率。

表5-2为相关购物中心柱网结构比较。

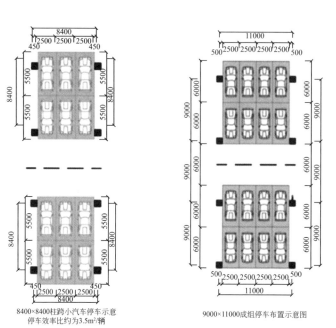

8400×8400柱跨小汽车停车示意
停车效率比约为3.5m²/辆

9000×11000成组停车布置示意图

- (9~11)m×(9~11)m，是以万象城为代表的中高端系列产品常用的柱网结构
- 中端商业项目，其柱网结构往往还是采用传统8.4m×8.4m的结构

●图5-5 万象城与大多数中端商业项目柱网结构比较

表5-2 相关购物中心柱网结构比较

项目名称	柱网结构
深圳万象城	11m×8.5m
杭州万象城	11m×9m
无锡万象城	11m×9m
港汇广场	11.4m×11.4m
正大广场	11m×9m
常州万象城	9m×9m
淄博五彩城	9m×9m
凯德虹口龙之梦	9m×9m
南通中南城	8.4m×10.5m

续表

项目名称	柱网结构
苏州印象城	9m×9m
郑州印象城	9m×9m
常熟印象城	8.5m×8.8m
杭州印象城	8m×8m
朝阳大悦城	9m×9m
久光百货	9m×9m
宁波江北万达广场	8.4m×8.4m

案例

恒隆广场

下面以上海恒隆广场为例，介绍其公共空间展示设计，如图5-6所示。

（1）空间采光

内部基调为纯白色，建筑顶棚、门厅及边庭大量使用玻璃幕墙引入自然光，使室内光线明亮、柔和，5层更是完全采用自然光线照明，由于幕墙面积大，光线非常充足。

（2）公共空间类型

主要为走廊、边庭、广场等，并设置有大量中庭。

（3）公共空间面积所占比例

公共空间面积占总面积近20%。（恒隆广场总建筑面积为5.5万平方米）

恒隆广场4层公共空间分布如图5-7所示，公共空间具体数据如表5-3所示。

●图5-6　上海恒隆广场

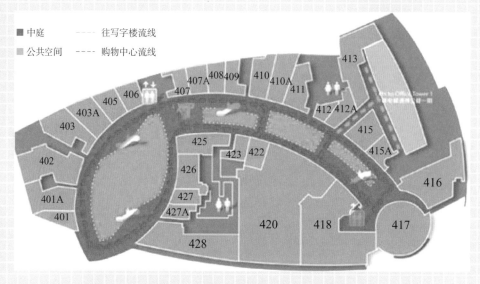

●图5-7　恒隆广场4层公共空间分布

亮点设计如下所述。

（1）交通空间：运用城市空间元素，营造舒适休闲环境

恒隆广场走道的设置借鉴了不少城市空间元素，例如棕榈树、绿化小品、小型雕塑、路灯等。这些城市元素在购物中心内的结合，加之多处阳光的进入，将城市街道融入购物中心中，模糊了两者的界限。

一层走道由于为双面商铺式，并与路灯、花台等元素结合，形成了较为舒适的小型休闲广场。恒隆广场一层双边商铺式购物走廊，购物中心东侧为其主要出入口，此处借鉴了城市中"桥"元素，设计了通往购物中心的通道。

●图5-8　入口门厅实景图

表5-3 恒隆广场公共空间具体数据

空间类型	中庭外室内公共空间						中庭	室外庭院
	购物走廊	广场空间		小型休闲场所		边庭		
		活动型	交通型	收费	免费			
数量		1	0	1	1	1	17	0
面积 /m²	9531	1522	0	148	108	1522	6946	0
所占比例 /%	17.3	2.8	0	0.27	0.2	2.8	12.6	0
	20.4							

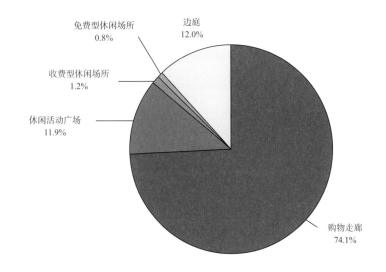

这样的形态也是由于主入口处设计了通往地下一层商铺的扶梯,令此处形成一个小型的中庭,如图5-8所示。

(2)广场空间:展览、休闲两用,提高空间使用率

购物中心于西南侧的入口处设置有购物中心内最大的单类公共空间——阳光边庭,采用通层通高处理,以玻璃幕墙包裹,引入了大量的自然光线。平时用于举办各类活动、展示等,承担起了活动型广场的功能,并于无展览时作为大型的休闲广场使用,如图5-9所示。

●图5-9　阳光边庭处活动型广场举办LV展览图

（3）休憩空间：设置消费性休闲场所

　　恒隆广场将座椅与绿化、路灯等结合，以一种城市街道的形式提供给顾客，并成为其上部中庭的景观。于购物中心西南侧入口处的二层中庭旁，设有一处消费性休闲场所，以咖啡休闲卡座的形式出现，占据着此处的走道空间，并以中庭为景，空间较为舒适。

06

商业
动线规划

城市商业综合体将商业、办公、居住、酒店、展览、餐饮、会议、文娱和交通等生活空间进行组合，每部分都有各自独立的动线系统的需求。如何将这些动线系统合理规划，直接影响到城市商业综合体商业经营的成败，如图6-1所示。

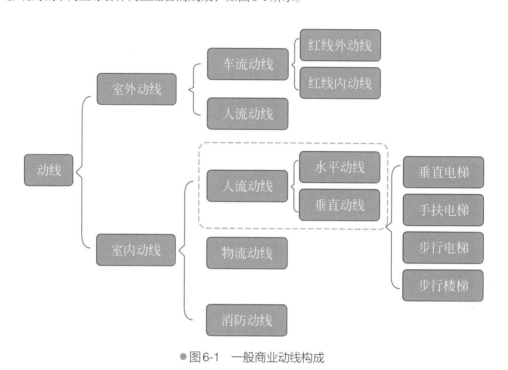

●图6-1　一般商业动线构成

商业动线一般分为：

①"外部动线"：联系商业空间外部人流及交通。
②"内部动线"：联系商业空间内部人流及交通。

外部动线主要内容包括：联系外部道路、停车场进出动线、行人动线系统、货车动线系统。内部动线由中庭动线规划及楼层动线规划两部分组成，主要内容包括：平面动线、垂直动线和中庭动线。

设计科学合理的商业动线是人流交通组织联系各承租户的纽带，从而使承租户创造出最大的商业价值。

6.1 外部动线设计

城市商业综合体商业中心的动线设计必须考虑与环境的对接，才能达到聚集人流的目的。外部交通动线主要包括停车场动线、出租车动线、巴士动线、城市轨道交通动线、行人动线和货车环绕系统。

6.1.1 联外道路动线

在规划大型商业空间联外道路系统时，应考虑该项目周边道路现有的交通状况，主大门、侧门及广场尽可能面向主道，这样才能吸引人流及方便行人进出。联外道路与完善的交通运输网连接，能扩大商业空间的辐射范围，方便购物者到达及货料运送。

以上海中山公园龙之梦为例（图6-2），通过3个直接采光的中庭空间来高效组织地块南侧地铁2号线、地块西侧高架轻轨3号线、4号线、地块北侧公交车站以及地下2层出租车站的多向密集人流。

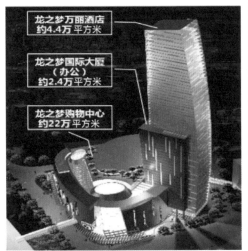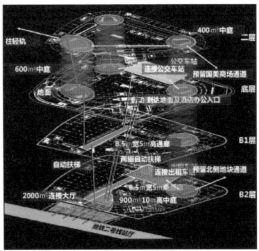

● 图6-2　上海中山公园龙之梦

6.1.2 出租车动线

出租车停靠湾的设置首先须满足乘客出行的需求，使之快速便捷地抵达目的地；其次，要妥善处理停靠湾与城市交通的相互关系，避免造成城市道路的拥堵；最后，要适当控制站点规模，节约用地。

6.1.3 巴士动线与城市轨道交通动线

巴士动线与城市轨道交通动线的规划，主要针对某些设有城市巴士站点或地铁站的项目，可直接将城市人流引入商业内部或临近的公交站与地铁站，利用免费的摆渡巴士，往返于站点与项目之间，带动更多的客流。

案例
荷兰阿纳姆中心交通枢纽

荷兰阿纳姆中心（Arnhem Central）是一个集火车站、写字楼、商业体、住宅、汽车隧道、自行车库、大型停车库等为一体的复杂的综合体建筑群，如图6-3所示。早在几年前，其中由UNStudio设计的火车站已投入运行，其中最精彩的空间——枢纽大厅，依然延续着UNStudio惯用的曲线。

在如此复杂的功能配置下还能将曲线空间安排得游刃有余实在是一件考验功力的挑战。最终我们看到一个犹如美术馆般的空间，曲面的墙体甚至楼板将上下层空间融为一体，各路行人、汽车、自行车在这里有序地前往自己要去的方向，没有丝毫的凌乱与慌张。

●图6-3 荷兰阿纳姆中心交通枢纽

6.1.4 行人动线系统

行人动线系统分为以下几种。

① 对于驾车的消费者，若消费者把车辆停放在购物中心附设的地下停车场内，应直接由升降梯或楼梯即可到达商业空间内部。

② 若消费者把车辆停在较远的停车场，则应考虑其可能的动线，最好避免穿越交通量大的道路，可以用地下通道方式加以解决。

③ 对于乘坐地铁的消费者，商业空间的地下层最好与地铁出口连接，消费者可以直接由升降梯或楼梯到达。

④ 对于乘坐公交车或者步行的消费者，最好采用地下通道或者天桥的方式将线路连接起来。

6.1.5 货车动线系统

商业中心大宗商品的进出需要货车。货车行驶的动线设计，要注意车型及各类车不同的拐弯半径，尽量与客车动线分开，避免相互干扰。此外，还需设置足够的地面货场空间或地下卸货区，并在卸货区附近设立商品管理室以及货场地面荷载和货梯等配套设施，以方便组织货物迅速分配至各个店铺。货车动线设计应尽量利用比较偏僻的地方或行人较少的位置，减少对客流的干扰，或者利用非营业时间进行。

购物中心卸货动线设计如何实现高效分流呢？

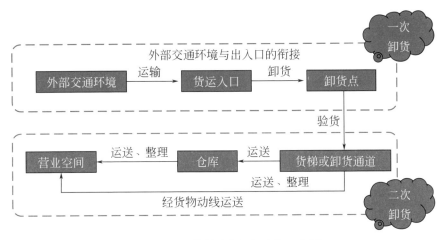

●图6-4 完整的货物运行路径示意图

（1）购物中心档次与卸货模式

中、高端购物中心一般采取客货分流的卸货模式，中、低端购物中心一般采取客货混用的卸货模式。

购物中心卸货动线一般分为一次卸货与二次卸货，其中一次卸货可能与机动车流线冲突，二次卸货可能与消费人行流线冲突，如图6-4所示。

（2）卸货动线设置四大模式

① 封闭货运模式，如表6-1所示。

表6-1　封闭货运模式

卸货方式	卸货通道独立设置，与店铺相连
卸货时间	全天候
实用率	较低
商业形象	客货流线分离

② 混杂货运模式，如表6-2所示。

表6-2　混杂货运模式

卸货方式	局部借助客流走道前往商铺进行卸货
卸货时间	需要专门设置卸货时间
实用率	较高
商业形象	客货局部混杂

③ 分散货运模式，如表6-3所示。

表6-3　分散货运模式

卸货区域	多个
卸货通道	二次卸货通道相对较短，可直达
实用率	低

④ 集中货运模式，如表6-4所示。

表6-4　集中货运模式

卸货区域	集中
卸货通道	二次卸货通道相对较长，与其他流线易产生交叉
实用率	高

案例

深圳万象城

深圳万象城等高端购物中心采取封闭、分散卸货模式，在地下一层设置卸货平台进行一次卸货，在地上三层设置货梯进行二次卸货，如图6-5所示。

布置原则如下所述。

① 货车通道尽量沿地下室外侧环形布置；

② 卸货区均匀分布在商铺区；

③ 地上卸货通道可结合消防通道设置。

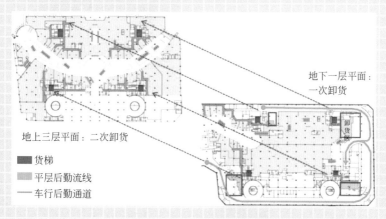

图6-5　深圳万象城卸货模式

案例

北京金隅万科广场

北京金隅万科广场采取混杂、分散卸货模式，地上一层与地下一层进行一次卸货，地上三层进行二次卸货，如图6-6所示。

布置原则如下所述。

① 货梯平面结合建筑体型均匀布置；

② 结合卸货平台及垃圾房设置；

③ 成组设置，利于餐饮洁污分开；

④ 货运通道视购物中心级别及餐饮密集度确定；

⑤ 大型主力店有专属要求（本项目无）。

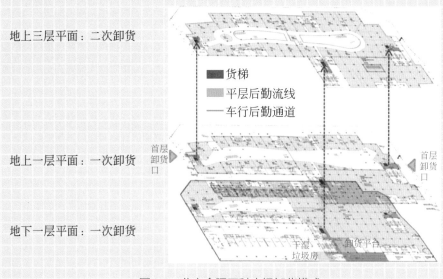

● 图6-6　北京金隅万科广场卸货模式

（3）卸货动线设计时需考虑的因素

卸货动线设计时需考虑的因素如表6-5所示。

表6-5　卸货动线设计时需考虑的因素

坡道	① 当用地紧张，不得不把卸货区设置在地下时，商场需设置到地下室的卸货坡道，一般至少应有一处双车道的卸货坡道，大型商业可能需要两处 ② 卸货坡道坡度需控制在 15% 以内，弧形坡道坡度需在 12% 以内，较常见的坡度比例为 1：10 ③ 卸货坡道的宽度一般有两种：8m 和 10m，这两种宽度基本能满足中小型货车的运输要求，相对应的转弯半径分别为 10m 和 8m。按照这一原则，再根据地下室的深度，就可以计算出地下室货车坡道的长度
卸货区	① 一般卸货区会设置卸货平台，高度在 0.8 ~ 1.2m，至少在平台的一端设 7% ~ 10% 的坡道 ② 卸货平台临近货梯，且其宽度与卸货停车位的数量有关。一般按中型厢式货车为标准计，一个结构柱跨可以停放两辆货车 ③ 部分主力店业态均需设置专有的货车车位，车位应靠近该主力店的货梯，这样便于向上层送货 ④ 位于尽端的卸货区需考虑货车回车的需要

（4）不同业态的卸货需求

超市、餐饮平时卸货量大，垃圾多，货车也需较大载重量，对层高、面积、空间都有特殊要求。因此，超市、餐饮的卸货区需特殊对待，如表6-6所示。

表6-6　不同业态的卸货需求

项目	卸货频率	货车类型	垃圾处理频率	二次卸货通道
百货	量大、频率高	需要专门的厢式货车进行卸货	较高，需要垃圾房	需要且独立卸货平台
餐饮	频率高（每日）	除部分需要冷厢式冻车外，对货车要求不高	高，需要垃圾房	需要
零售店铺	不需要每日补货	无特殊要求	低	可借客流走道

6.1.6 商业外部动线设计要点

如何把外部交通跟动线规划结合起来，以创造不同楼层和不同人流的价值呢？下面以上海龙之梦、日本六本木、北京西单文化广场等知名商业中心为例进行探讨。

完美的商业动线设计，几乎就成为创造商业价值的黄金线。如何将购物中心外部众多的潜在消费者顺利引入项目，是运营成功的一大关键。这就需要从细节着眼，将商场内部人流动线规划与外部交通环境有机结合。

技巧1　易达性是外部动线设置的重要原则

外部交通的易达性和客流组织的结合是商业项目成功的关键，商业项目必须具有非常好的易达性，通常情况下可以根据不同情况进行如下考虑。

（1）将商业主入口设置在路口或靠近车站的位置

（2）在商场地下一层设置通道与地铁车站相通

（3）设置过街人行天桥

（4）设置规范、准确的引导标识系统

多数大型的商业项目都设置有广场，无论面积大小，广场既可作为停车场或顾客暂时休息的场所，也可为消费者提供一个游玩及观赏夜景的平台。

例如，可在广场周边布置餐饮的户外餐区、休闲项目或室外运动娱乐设施，也可将其作为户外展示及大型营销活动的空间。

技巧2　人流动线与外部交通环境要良好结合

（1）在融合的基础上实现替代功能

"融合"是指项目与周边交通设施的直接连接，一般通过出口、入口或通道方式，将项目内部人流动线与外部交通环境融合成一个系统。

"替代"则是指通过项目出入口设置以及内部人流动线的规划而实现对于外部交通环境中的人流动向的替代。

案例

北京西单文化广场

北京西单文化广场（图6-7）的77街商场利用地下商业通廊替代地面广场步行街的方式实现了西单地铁站与西单商业区之间的连通功能，从而将大量前往西单商业区的人流引入了商场内部，获得了更多营业机会。

● 图6-7　北京西单文化广场

　　此种规划方式是一种更为先进的规划方式，替代的实现不仅对于项目汇聚人流有着重要的帮助，并且也可以为项目的经营带来更多的发展机会。

　　因此，在商业人流动线规划实践工作中，应明确在融合的基础上重点实现替代功能，从而通过实现替代功能来充分地利用外部交通环境和有效地提升人流。

　　（2）把握不同外部交通条件下的商业人流动线结合方法

　　① 人流动线与人行设施的结合方式　在人流动线与人行设施的结合方式方面较为具有代表性的就是地下过街设施或空中过街设施与商业项目出入口的直接对接。

　　北京新世界中心一期地下过街通道直接连接B1层超市入口，二期地下过街通道直接连接B1层商业部分。

　　② 人流动线与公交站点的结合方式　在人流动线与公交站点之间的结合方式来看，国内较多地采取设置出入口的方式，而香港的商业项目则采取了将公交站点设置在项目首层内的方式来实现。

技巧3　主入口应联系外部道路

　　商业建筑入口空间与商业建筑外部的街区环境紧密相连，它与一般建筑的入口的主要区别在于其识别性、商业性和导入性。

识别性：特征鲜明的现代商业建筑入口影响着人们对商业建筑的第一印象。本身应具有与众不同的形态，可以给远距离的消费者以视觉上的刺激，它的形态特征、空间布局不仅强化整体建筑商业建筑的外观特征，同时也给商业建筑赋予独特的含义。

商业性：一个成功的入口不仅可以吸引消费者的视线，吸引消费者进入建筑内部的欲望，激发人们潜在的社会生活需求，同时对业主的经营理念、文化层次有所共鸣，这种共鸣就会自然而然地转化成对其商品质量的信赖，而这种信赖就为商品市场增添了无限商机。

导入性：商业建筑入口作为建筑中的开场白，其布局应以人流的集结与疏散、方向的转换以及空间的过渡为前提；入口空间同时又与城市的空间体系和整体文脉结构形成有机的流动、渗透、交叠等延展性关系。

外部动线的设计决定着主次入口的位置。商业建筑主次入口要关注交通流向、行人流向、项目的方向位置和朝向，内部使用取景要求，开门视觉与正面、侧面、背面设计要求的直接衔接，消防系统、安全要求等关键要素。

技巧4　停车场进出动线设于交通量较少的路段

一般规划停车场进出口时，应注意的有以下方面。

① 出入口应设于交通量较少的非主道路上。若一定要设于较大车流量的道路上时，必须在出入口处向后退缩若干距离以便车辆进出；配合道路的车行方向以单进单出，避免进出在同一个口。

② 采用效率较高的收费系统以节省车辆进出时间，收费点尽量不要设在地面上，以避免司机进出麻烦，斜坡起步。汽车、摩托车操作特性不同，进出口应尽量予以分开。

③ 以下地点不应设置停车场进出口：学校、医院或消防队等出入口起20m以内；车道的十字口、穿越斑马线、横越天桥、地下道上下口起8m以内；公共汽车站、铁路平交道起10m以内；其他经主管建筑机关或公安交通主管机关认为有碍交通所指定的道路或场所。

案例

日本六本木购物广场：轨道交通直接连通2楼商场

六本木购物广场（图6-8）通过连廊把步行路线与新建的时针区域连接起来，

满足了易达性；通过人工与自然、传统与现代的高度融合，让高密度建筑群与庭院、公园和广场和谐并存；通过自然延展的环形路把"六本木新城"各个功能空间有机联合，为来访者带来了美好的步行体验。

六本木新城将城市设计与项目设计相互结合，充分利用地铁交通和城市公路交通，园林设计立体化，整体设计趣味化，具有丰富的设计内涵；综合考虑了地铁、公交、自驾车等多种交通方式，甚至提供了免费的摩托车和自行车停车场，有效解决大交通流量的问题。

六本木新城设有摩托车与自行车停车位置，其中自行车免费。地铁直接连通六本木新城B1F。顾客可以乘坐地铁、公共汽车，也可以开车前往，总体停车位有2762个，共计12个停车场，方便顾客寻找方便的地方就近停车。

●图6-8　日本六本木购物广场

地铁联系	地铁明冠利用直通电梯与日比谷线六本木站相连接，其他几条地铁步行几分钟也可以到达，但没有直接的联系
汽车专用线设计	项目内设置中心环状汽车专用线路，并沿线设置停车场出入口、停车处、出租车处、公交车站等设施，降低了对周边道路的影响，并实行了人车分离
停车场	项目内部在各个街区、建筑物间分散地配置了停车场，使得到访各个不同的功能建筑变得更加便捷，顺利解决了庞大交通量的问题

案例

上海龙之梦：地铁上盖商业，地处交通枢纽

上海龙之梦是典型的地铁上盖商业，开发商把所有商业体都建在交通枢纽上，轨道枢纽交通助推了商业的成功。

所有轻轨、地铁、公交车、出租车的交通人流将在购物中心的中庭内以最简洁的方式实现全天候的、高环境品质的、立体的、无障碍的换乘。客运货运分开，充分考虑集中商业、会展等不同层面需求。

① B1、B2 两层通道均由自动扶梯和自动坡道连接购物中心首层公交车站；B1层北侧是购物中心、超市、会展中心的大型货运场地，提供23个卸货车位及17个车位等候场地。

② B2 与地铁站厅层在同一标高，设连通口连接商城地下广场。

③ 地下广场向东有四台自动扶梯直送B1和地面，向西有两台自动扶梯通往轻轨方向，向北有八米宽的通道连接在B2的出租车站。

④ 位于B3、B4的停车库中央设有自动坡道和自动扶梯将顾客直送上面的购物中心，另有七台客梯连通购物中心各层。

案例

高雄统一梦时代购物中心

梦时代购物中心位于高雄多功能经贸园区，临近成功路和中华路，北临时代

大道，靠近高雄国际机场、高雄港、中山高速公路与高雄捷运站，陆海空交通四通八达，可吸引周边一小时车程客流约计515万人。其顶楼Hello Kitty摩天轮标高102.5m，取名"高雄之眼"，是全台湾唯一可欣赏到海景的摩天轮，自运营开始便吸引了大量客潮，已成为台湾新的观光景点与标志性建筑。项目包含地下两层，地上十层，楼层分别以水、花卉、自然、宇宙为主题，打造出融购物、休闲、娱乐、文艺、餐饮于一体的生活空间。

项目周边的公共交通十分发达，客流可以通过公交、自驾车、高铁等多种交通方式抵达；购物中心的接驳车往返于商场和公共交通枢纽之间。基于人车分流的设计理念，南面的道路主要作为车行动线使用，车库出入口设在这一侧。北面作为面向城市主干道的正面，在建筑前划出百米的时代大道（从中华路到成功路），并与基地结合为一体，是以人行、自行车活动为主的景观道路。如图6-9 ~ 图6-12所示。

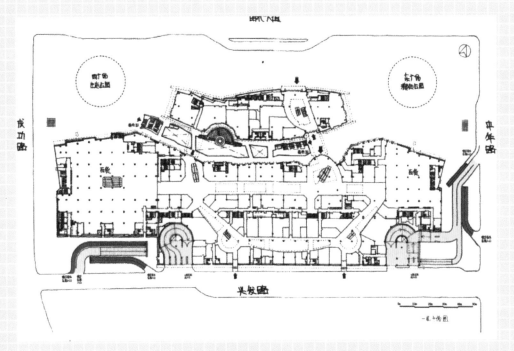

●图6-9　高雄统一梦时代购物中心车行动线图（F1）

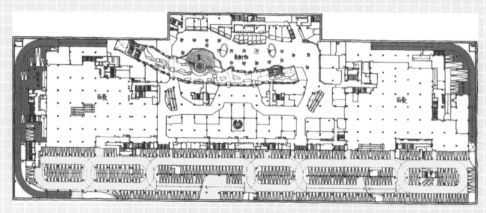

● 图6-10　高雄统一梦时代购物中心车行动线图（B1）

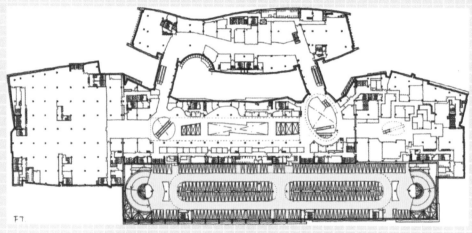

● 图6-11　高雄统一梦时代购物中心车行动线图（F7）

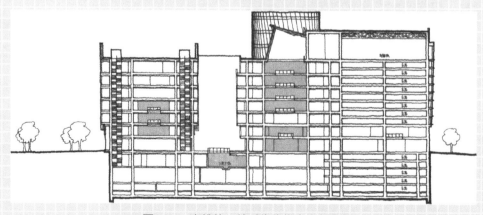

● 图6-12　高雄统一梦时代购物中心剖面图

（1）停车场动线

建筑主体被一条室外街划分为南北两部分，通过两座廊桥连接。车库分为地下和地上两部分，分别有独立的出入口，设于兴发路和东侧的中华路。其中南区B1～B2，作为四层地下车库；南区F3～F7，分成八层的停车空间，通过两个环形的车道盘旋停车，利用商业区和停车场层高的不同创造出更多的停车空间。

（2）巴士动线

项目周边的公共交通非常便捷，但并没有直接和项目接通。免费的接驳巴士往返于交通站台与项目之间，有效地弥补了这一不足，吸引了更多的潜在客流。

（3）货车动线

卸货系统独立的出入口设置于南侧的兴发路。客货分流的方式减少了大货车对私家车入库的干扰。货车进入位于地下一层东西两端的卸货区卸货，既减轻了对地面交通的压力，又能迅速满足位于东西两端的百货区的供货需求。统一梦时代购物中心的成功设计与其有效的交通组织密不可分，巧妙利用了商业与停车层不同的需求，增加停车空间，解决停车难题，方便更多人自驾前来。客货分流的方式减少了对客车动线的干扰，更显人性化。免费的接驳巴士穿梭于公交、捷运站与购物中心之间，与城市公共交通系统充分结合，为购物中心带来了大量的客流。

6.2 室内交通动线设计

如图6-13所示，大型城市商业综合体的室内交通动线的设计非常重要，与商业空间组织系统密切相关。商业中心室内交通动线主要包括：入口大堂动线、中庭空间动线、水平动线（即空间组织系统）和垂直动线四个部分。

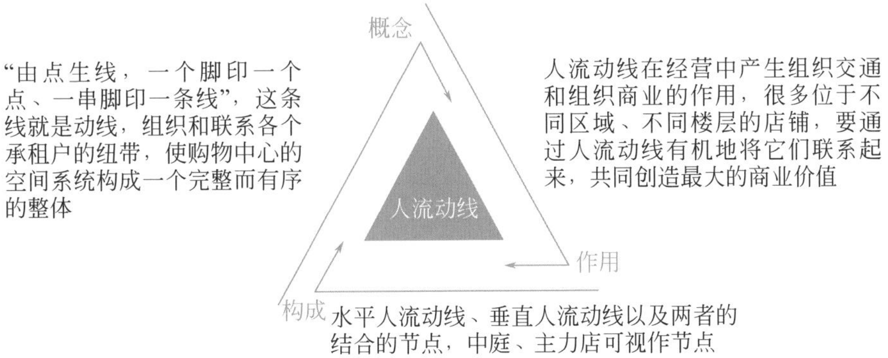

"由点生线，一个脚印一个点、一串脚印一条线"，这条线就是动线，组织和联系各个承租户的纽带，使购物中心的空间系统构成一个完整而有序的整体

人流动线在经营中产生组织交通和组织商业的作用，很多位于不同区域、不同楼层的店铺，要通过人流动线有机地将它们联系起来，共同创造最大的商业价值

概念

人流动线

构成

作用

水平人流动线、垂直人流动线以及两者的结合的节点，中庭、主力店可视作节点

●图6-13　人流动线

评判室内人流动线设计的4大标准如表6-7所示。

表6-7 评判室内人流动线设计的4大标准

可视性	● 可视性是动线是否合理的首要要素 ● 商铺被看见的机会越多，价值越高；通常中庭等节点性位置的商铺可视性最高 ● 提高可视性的主要手段有：中庭设置、内街挑空
可达性	● 可视性是可达性的基础，可达性是实现可视性的价值手段 ● 以最短的时间、最少的道路转换到达想要去的店面是评价可达性的关键指标 ● 提高可达性的主要手段：增加垂直交通的密度、增设内街桥架、提供机械工具
位置感	● 位置感是让顾客尽量少走冤枉路，方便快捷地找到自己想要去的店面 ● 提高位置感的主要手段：合理的导视系统、合理的中庭等节点布置、增设导购咨询台
体验感	● 体验感是上述因素加入室内设计的因素的综合体现 ● 增强体验感越来越成为购物中心是否能够成功的重要因素 ● 好的体验感能够延长动线的长度，甚至能够在一定程度上弥补动线物理层面的一些不合理因素

6.2.1 入口大堂动线设计

入口空间对购物中心的重要性不言而喻，它是界定空间形象的重要因素。入口设计应有较为独特的个性，并将项目名称及图形标志清晰地展现出来，以突出企业形象，显示品牌文化。从建筑设计而言，项目出入口可以从体块大小、形状、材料、色彩等方面与建筑主体进行区分，以便引导人们迅速进入商业内部。

设计室内动线时应考虑到入口处的雨篷设计，它有很多优点，最重要的一点是能够迅速将人引入商业空间，缩短人行步道与建筑的距离。雨篷能够夏日遮阳，雨天避雨，提供一个缓冲空间，同时，非常直观地突出入口位置，使人流自然聚集。雨篷的处理手法多种多样，一个好的雨篷设计，不仅能起到功能性的作用，也可以提高空间的品质，强化入口的可识别性。此外，设置在入口大堂的购物中心服务台、商业各层商铺标示板及引导地图，也能更人性化地引导人流。

6.2.2 中庭动线设计

中庭广场位于室内动线交会处，是人流集散的主要空间。它一方面为不定期举办的活动提供场地，如临时演出、促销活动等，另一方面也是公共活动及休息的场所。在中庭设挑空及屋顶采光，可以将购物者的视线引导向上，是吸引购物者上楼购物的良好推动力。除此之外，中庭空间设置艺术装置、景观小品、绿色植物等不同形式的主题景观，可以增加商业空间的层次性与体验感，延长停留的时间，从而增加潜在的商业价值。

（1）中庭类型

① 内院式中庭 内院式中庭是一种最常见、最典型的中庭形式，在一些大型商业建筑内部，内院式中庭仿佛是宽大的直通屋顶的"内

●图6-14　成都TOP CITY中庭

院"，各层营业厅向中庭敞开，中庭顶部通常为大面积的采光顶，通过扶梯或观光电梯作为垂直交通，从而使中庭形成一个交通枢纽。

这类中庭形式在大型综合商业体中非常常见，如成都TOP CITY商场中庭空间贯通五层，周围环以走廊，顾客可以清楚地看到各中庭营业层全貌，如图6-14所示。

② 建筑间相联系的中庭 这种中庭形式往往存在于两段或几段建筑实体之间，以高架的玻璃采光顶和围护结构将建筑空间联系起来，为人们提供一个最佳的气候环境。

这种中庭空间相当高大通透，中庭内的巨大空间为设计师的创作提供了广阔的舞台，形成人们游憩、娱乐、交往等活动的中心场所，也为演艺、集会、展示等商业活动的加入提供了空间。

●图6-15　新加坡莱佛士城中庭

●图6-16　线状中庭

●图6-17　加拿大多伦多伊顿购物中心

如著名设计师贝聿铭设计的新加坡莱佛士城（图6-15），其中厅空间最富有中国味道，30m宽的正方形中庭所用材料是钢管和玻璃，它的作用和设计与中国民居的天井异曲同工。

③ 线状中庭　线状中庭是一种具有纵深感和深邃感的空间，这种空间具有导向性并让人产生走向尽端的心理。通过色彩纷呈的广告、店面，独具特色的采光顶棚处理，能够营造出丰富、繁华的商业气氛，形成一种全天候立体化商业街式的中庭，如图6-16所示。

a.带形。当一个矩形的长宽比较长时，就可以把它看作带状。带形是近几年来受到建筑师青睐的一种中庭空间形式，当其出现在建筑内部时，可以把它看作扩大的内廊形式，通常结合天桥创造一种巧妙、充满情趣的空间，如图6-17所示。

它具有强烈的方向性，也因此常常被建筑师当作平面构图中的轴线而成为组织建筑空间的重要手段。这种带形中庭也常常出现在建筑外侧，往往与玻璃幕墙相结合形成双层表皮的一种形式。

b.不规则形。不规则形包括了曲线、折线等形式，它的出现适应了现代建筑的多元空间形态趋势空间时，常常被用在具有多元扭转轴线的建筑中。

从功能意义上讲，它满足了人们回避刻板简单追求复杂多变的心理，常常用在具有休闲购物、展览、观演等商业综合建筑中。

如新加坡Iluma购物中心（图6-18），线性体块与曲线元素之间的交流通过顶部处理得到了强化，用充满生气的鲜艳色调赋予了线性体块生机，而曲线形雕塑造型体块则以灰白单色调包裹，从而为商场制造生气，提高消费者购物的欲望和心境。顶部布置较为活泼，各种元素交叉却不显杂乱，红色内部店面和深咖啡色的中庭铺位，搭配乳白色墙面，不但不显突兀，反而一深一浅中和、极具融合性。

●图6-18 新加坡Iluma购物中心

④ 沿街中庭 如果在设计中有意识地把公共空间至于购物中心一侧，形成沿街中庭，并以大面积的玻璃窗向外展示，非常有利于提高内部空间的开放性。在这种中庭中向各层开放的走廊常

●图6-19 台湾BELLAVITA购物中心中庭

常设计为层层后退的形式，显得错落有致。由于采光极好，又亲近室外，中庭可引入大自然的景色，让人感觉置身室外。

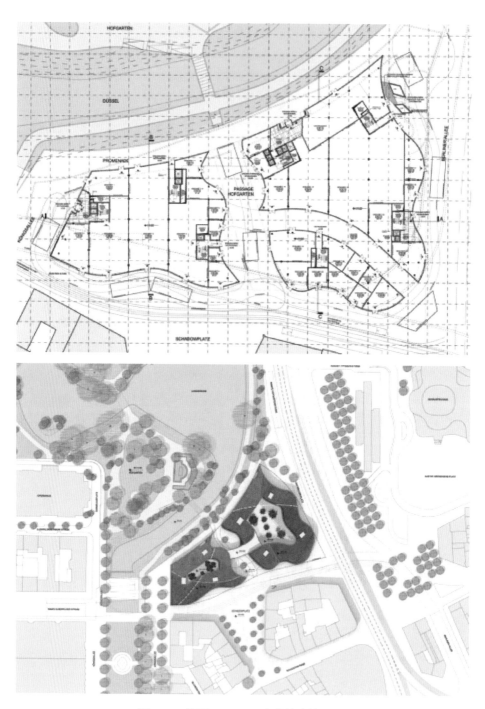

●图6-20　德国Ko Bogen商业综合体平面图

⑤ 建筑顶部采光顶中庭 当建筑要追求尽量大的使用面积时，中庭就上升到建筑的上部一层或几层作为一片相对独立的休息和接受阳光的空中花园，相当于空中商业街的交会广场。消除了高层与地面的隔绝感。这种中庭虽然没有宏大的气氛和壮观的商业色彩，但仍给人一种空间开朗、阳光融融的愉悦。

如台湾BELLAVITA购物中心（图6-19），顶部拥有挑高的玻璃帷幕、欧式风格的设计在台湾独树一帜。透过大片玻璃，让阳光自然洒落于室内。

⑥ 相对独立中庭 所谓相对独立是指这种中庭往往拥有四个采光的墙面，使中庭内的空间与其他部分相对独立，也有些中庭在处理上用相对独特的语言使自身空间得到强调。

如图6-20所示，德国Ko Bogen商业综合体是集零售和办公于一体的综合大楼，位于杜塞尔多夫中心并带有绿色屋顶花园。项目将购物、散步和工作三者结合，它共有432300平方英尺，巨大的绿色屋顶和人行散步道把基地与shadowplat、hofgarte宫廷花园连接起来，如图6-21所示。

●图6-21　德国Ko Bogen商业综合体外观图

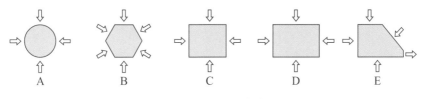

●图6-22　面状中庭

⑦ 面状中庭（图6-22）

a.矩形。中庭空间中较为常见的平面形式之一。从图形关系上来看，它呈正方形发展，但不同的是其长短边各异，因而适应能力更强。另外，它具有一定的方向导向性，利于组织人流，增强了空间的识别性。

澳大利亚墨尔本Chadstone购物中心（图6-23），独特的玻璃结构方格状盘旋向上，直达贝壳形状的天花板，把室外的自然光引入。通透的屋顶搭配水晶吊饰，融合成特有的商业空间效果。

● 图6-23　澳大利亚墨尔本Chadstone购物中心

b.圆、正多边形。圆和正多边形都具有静止、内敛的特征，其各向对等，如图6-22的A、B、C。在其基础上形成的空间是简洁的、端庄的，这类中庭空间在整个建筑平面中往往有统领其他建筑空间的作用，常常是建筑师组织建筑空间的重要手段之一，常常运用在平面较规整的商业建筑中。

如德国Loop 5购物中心（图6-24），以航空元素为主题，顶部设计引用了航空发展史的元素，并以早期飞行、黄金时代、喷气机、现代航空为副主题，通过红、黄、蓝、紫四个副主题色，结合照明，将购物中心划分为四个区域。

● 图6-24　德国Loop 5购物中心

（2） 中庭空间动线设计技巧

① 中庭功能与设计原则　a.组织交通。中庭是购物中心组织水平人流动线和垂直人流动线的关键，以中庭为中心设计的交通组织是最直观、最有效率的购物中心人流动线组织方式。b.展示作用。将各个楼层的商业功能在一个立体空间展示出来，通过舒展的视觉空间，营造剧场式的卖场效果，提高各个楼层的商业价值。c.承载多功能。中庭是承担多功能休闲行动的载体，提供了免费的精神消费，充当临时促销活动、艺术展览、文艺演出等场所。

② 中庭空间设计原则　中庭空间设计原则如表6-8所示。

③ 中庭动线设计内容　中庭动线设计内容如表6-9所示。

中庭水平动线如图6-25所示。

导向形中庭的特点如表6-10和图6-26所示。

聚心形中庭的特点如表6-11和图6-27所示。

不规则形中庭的特点如表6-12和图6-28所示。

表6-8　中庭空间设计原则

（1）	购物中心开敞的内部空间设计应该是有品位和经典的
（2）	恰当地在购物中心内布置植物和季节性的花卉、水景以及雕塑可以增强对顾客的吸引
（3）	为了改善视觉效果和视觉距离，可以通过战略性地布置休息区、植物、小亭，以及地面铺装、颜色变化来实现。照明在室内景观设计中扮演着重要角色，应充分发挥其作用

表6-9　中庭动线设计内容

中庭功能	组织交通、展示作用、承载多功能
中庭水平人流动线	按形状分：导向形、不规则形、聚心形 按位置分：中庭、边庭、门庭
中庭形态	围合中庭的建筑剖面构成了具体的中庭空间，中庭垂直人流动线分为四种剖面形态
设计参数要求	灵活运用高宽比，注意面积控制

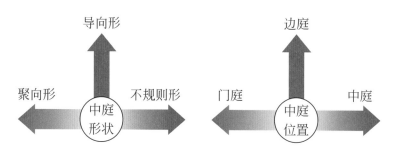

●图6-25　中庭水平动线

表6-10　导向形中庭特点

（1）	中庭空间呈线状，人流动线运动图式也是线状的
（2）	导向形中庭引导人流作线状连续的运动，趋向一个目标或一个注意焦点，给人以深邃的纵深感，具有很强的引导性
（3）	以步行街形式的多层中庭形式，通过局部的收敛，内部廊道的穿插，以狭长的空间得以分割、分段，打破了购物空间的单调感
（4）	采用两个以上的中庭空间串连，形成一系列的空间序列

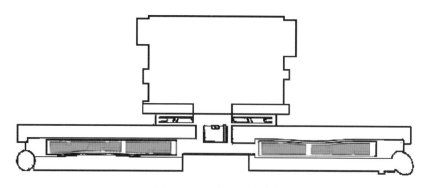

●图6-26　导向形中庭特点

表6-11　聚心形中庭特点

（1）	聚心形中庭平面图式使得人流运动集聚趋向于中心，形成一种凝聚力，一种稳定感，构成一种特殊的秩序感。例如方形、矩形、圆形、椭圆形等规则的几何体
（2）	严谨规整的几何形体的空间纯净、简洁，让人感觉静逸、一目了然
（3）	举例：香港时代广场的中庭位于人流动线的中部，对人流有很强的引导性，人流在中庭汇聚

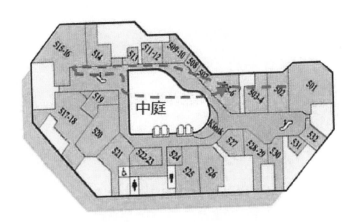

●图6-27　聚心形中庭特点

表6-12   不规则形中庭特点

（1）	不规则形的中庭空间有曲面的丰富变化，几何体的穿插，空间大小收放自如，空间丰富多变
（2）	人流动线空间曲折致购物者的行为表现出自由性
（3）	举例：合肥明发商业广场的中庭呈不规则弧形，人流在其中自由流动，空间随之变换丰富，能够吸引人流逗留

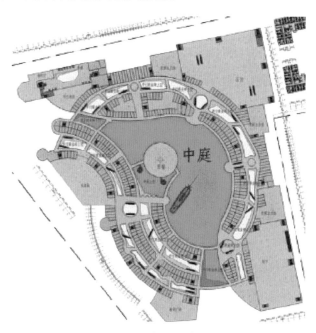

●图6-28   不规则形中庭特点

　　购物中心中庭的相对位置常根据基地状况、功能要求、城市景观等自由灵活布置（图6-29），根据位置的不同，可分为中庭、边庭和门庭，如表6-13所示。

表6-13   购物中心中庭的分类

中庭	位于建筑中心部位的称为"中庭"，购物中心向两侧及周边延伸通廊布置承租店，具备聚心性
边庭	当中庭被置于建筑一侧时，我们称之为"边庭"，建筑内外产生一种连续性，使建筑立面成为纵深变化、层次丰富的复合空间，连续界面有了一定的变化
门庭	与主入口结合，衔接内外部动线，成为由城市空间进入建筑空间的过渡和中介，使人在接近和步入建筑时获得愉悦的感受

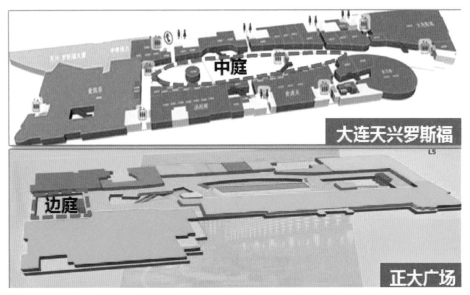

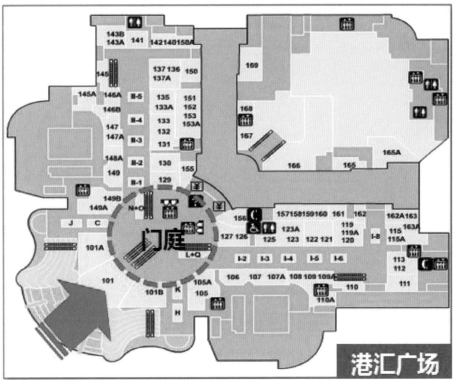

● 图6-29 中庭的相对位置

④ 中庭动线设计参数　中庭动线设计参数如图6-30所示。

高宽比

用中庭空间侧界面的高度(H)和相对距离(W)的关系来衡量：W/H增大，空间就会产生远离感，超过2时则显宽阔；$W/H < 1$就会产生接近感，逐渐变得狭窄

◆ $W/H = 0.5$：中庭空间显压抑
◆ $W/H = 1$：均匀可见，但不清晰
◆ $W/H = 2$：立面形象和局部清晰可见
◆ $W/H = 3$：使人感到空间宽敞，封闭感降低
◆ $W/H = 4$：空间的容积性消失

车流动线设计

面积控制

中庭空间应根据地区经济情况、所处的环境、经营性质、营业特点、规模档次、顾客层次等在其中占合适的比例

● 图6-30　中庭动线设计参数

a. 面状中庭设计参数。面状中庭设计参数如表6-14、表6-15和图6-31、图6-32所示。

b. 线状中庭设计参数（一）。线状中庭设计参数（一）如图6-33所示。

线状中庭面积一般控制在250 ~ 300m²，250挑空部位宽度在9 ~ 11m，两侧商铺前走廊宽度一般不小于4m，便于四股人流同时顺畅通行，过廊宽度同样不小于4m。

中庭横向宽度9 ~ 10m，面积为250m²左右，两侧商铺前走廊最窄处不小于4m，过廊宽度为4.5 ~ 5m。

c. 线状中庭设计参数（二）。线状中庭设计参数（二）如图6-34所示。

表6-14　面状中庭设计参数（一）

面状中庭设计建议	面状中庭面积一般控制在 600 ~ 1000m²，挑空部位跨度一般在 30 ~ 50m
面状主中庭	直径约为 40m×26m 的椭圆形中庭，面积约 850 m²，周围走廊尺度 4 ~ 5.5m

表6-15　面状中庭设计参数（二）

面状中庭设计建议	面状中庭面积一般控制在 600 ~ 1000m²，挑空部位跨度一般在 30 ~ 50m
面状主中庭	直径约为 30m 的圆形中庭，面积 600m²，中庭周围走廊尺度为 4.5 ~ 6.4m

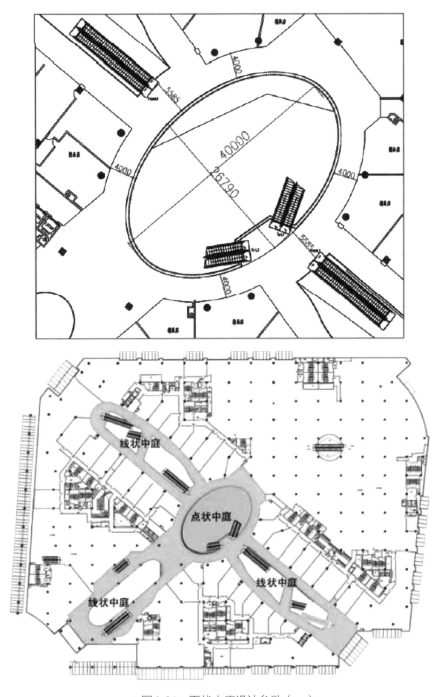

● 图6-31　面状中庭设计参数（一）

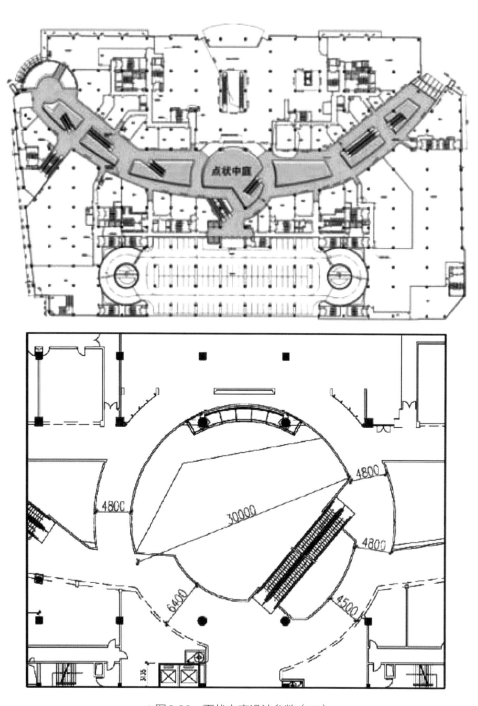

●图6-32　面状中庭设计参数（二）

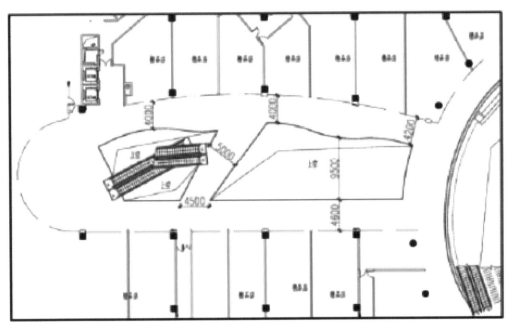

● 图6-33　线状中庭设计参数（一）

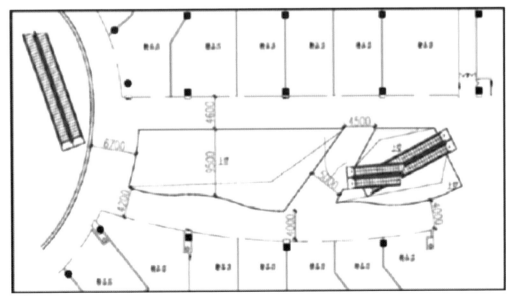

● 图6-34　线状中庭设计参数（二）

线状中庭面积一般控制在250 ~ 300m²，挑空部位宽度在9 ~ 11m，两侧商铺前走廊宽度一般不小于4m，便于四股人流同时顺畅通行，过廊宽度同样不小于4m。

中庭横向宽度为9 ~ 10m，面积为270m²，两侧商铺前走廊最窄处不小于4m，过廊宽度为4.5 ~ 5m。

d.线状中庭设计参数（三）。线状中庭设计参数（三）如图6-35所示。

线状中庭面积一般控制在250 ~ 300m²，挑空部位宽度在9 ~ 11m，两侧商铺前走廊宽度一般不小于4m，便于四股人流同时顺畅通行，过廊宽度同样不小于4m。中庭横向宽度为11m，面积为450m²，两侧商铺前走廊最窄处不小于4m。

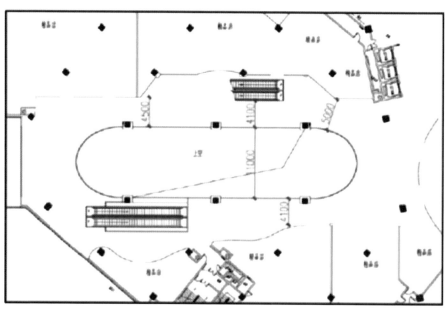

●图6-35 线状中庭设计参数（三）

案例

北京未来商城

北京未来商城（图6-36），包括大礼堂、模型中心、演示厅等功能区，同时还包括一个巨大的零售发展区，整个展览中心的中庭采用了"主题观光"的设计样式，为游客提供了一个独具魅力的视觉享受空间。

● 图6-36　北京未来商城

整个大厅的一层包括会议室、办公区和一个被零售区域围合而成的中庭，这里作为整个商场人员聚集、交流的公共空间。中庭处垂直而上的观光梯带给每一个人明亮而通透的观感体验。

大礼堂位于二层，旁边是一个展现未来商城的演示厅。另外，位于本层的露台同时也是该楼层的一个景观区，这里有直通商场的主入口，被称为下沉广场。

6.2.3 水平人流动线设计

如果把一个商业体比作一个人，那么外部建筑设计是骨架，内部空间设计是血肉，人流系统是血管，而顾客是血液。如果顾客不能沿着人流动线流动起来，就好比血液不能在血管中流动，那么这个商业体将无法生存。因此，人流系统的设计至关重要，它直接关系到整个商业体的生命。良好的人流动线设计能引导和方便消费者购物，避免产生死角，也能延长消费者在店铺的停留时间，带动人流量和购买率的提升。

水平人流动线就是指同一层面上的动线，其设计目的是要使同一层面上的各商业业态得到充分展示，使消费者能轻松看见商业店铺的展示细部。

常见水平动线类型如图6-37所示。

线形布局	环形布局	枝形布局
·线形布局包含哑铃形、折线形、双线形、弧线形、L形、U形等	·环形布局包含三角形、矩形、圆环形、复式环形等	·枝形布局包括风车形、十字形、Y形、T形等
·哑铃形：	·矩形：	·风车形：
·折线形：	·三角形：	·十字形：
·弧线形	·复合环形	·T形：

● 图6-37　常见水平动线类型

（1）单通道环流式

线性概念：两侧商铺共用一条通道，人流动线形成循环流动。如图6-38所示。

适用条件：线形布局适用于狭长的基地，规模较小的购物中心。在线形步行街两侧布置店铺，具备布局紧凑、通过效率高、店铺浏览率高、方向性强的优点。

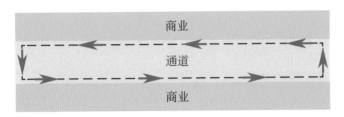

● 图6-38　单通道环流式

世贸天阶

北京世贸天阶动线，外街与内街均为线形布局。为了缓解洄游性略差，内街与外街形成联动与回路，部分区域设置中庭、广场等节点，通过直线与弧形的结合增加趣味感。如图6-39所示。

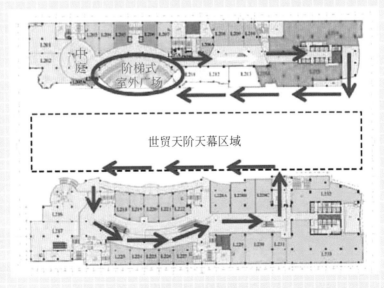

● 图6-39　世贸天阶

优点：布局紧凑、通过效率高、店铺浏览率高、方向性强。

缺点：迴游性略差、单方向性造成一定的枯燥感。

修饰手法：步行街设计成弧形来增加趣味性，动线上中间挑空形成回廊，以增加空间的通透感；适当布置节点来缓解疲劳感与增强可视性。

（2）环流式

环流概念：两侧商铺各有一条独享的通道，中间做架空处理或设置移动商铺，通过次通道将两侧通道连接起来，人流动线形成循环流动。如图6-40所示。

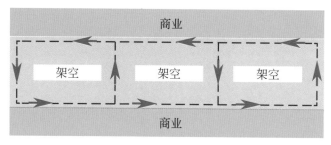

● 图6-40 环流式

适用条件：一般适用于商业体量较大的多层商业体；商业区域多为宽度较大的长方形。

案例

上海百联西郊购物中心

上海百联西郊购物中心（图6-41）建筑环拥一个椭圆形的大面积景观庭院，内街结构基本为环流系统，与平面轮廓和尺度结合得很好，弧形的步行街比直线形的更富有趣味性，道路的宽度并不很大，局部有拔层。

优点：店铺可以获得更为均等的被浏览概率，迴游性好，可提高交易成功率，且便于利用平面中明确的向心性来组织中庭空间；内部人流可以自由、灵活循环流动。

缺点：较大的进深尺寸对防火疏散有较高的要求；要牺牲一部分的商业面积。

修饰方法：在入口处转换为较大的空间作为疏散和过渡空间；运用了折线、弧线等形式，使空间显得活跃而富有变化，但又不至于复杂到使人迷失。

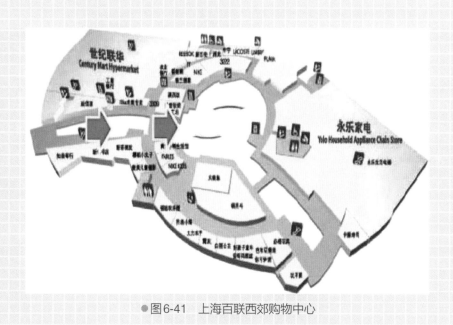

●图6-41　上海百联西郊购物中心

（3）环岛式

环岛概念：在商业区域的中间设一家主力店形成一个"小岛"，四周设置一些配套商店，人流环绕着"小岛"循环流动。如图6-42所示。

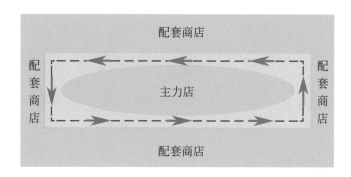

●图6-42　环岛式

适用条件：商业区域宽度较大的商业体；有大面积的主力店。

案例

港汇**广场**

　　港汇广场（图6-43）局部层采用4个环岛联动的方式，四个节点分别通过主力店、中庭、次主力店集群的方式处理，从而带动整体矩形人流的通畅，如图6-44所示。此外，在直线部分采用中间挑空，形成局部环回人流动线，具有导向性。

　　优点：突出主力店的核心效应，利用这个核心，达到人流聚集、发散的效果。

　　缺点：人流动线顺时针或逆时针流动，方向较为单一，缺乏灵活性。

　　修饰方法：四个节点部分通过中庭、主力店的运用，带动矩形动线形成环路。直线部分则运用曲线上的变化，或者中间的挑空，形成局部的导向性环路。

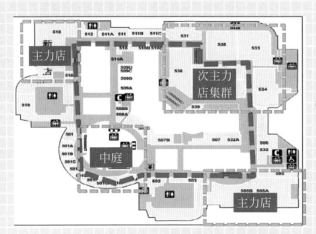

●图6-43　港汇广场

●图6-44　港汇广场的动线节点

（4）自由式

　　自由概念：人流动线没有固定的流向，可以多线路、多方向自由流动。如图6-45所示。

　　适用条件：各种类型的商业均可采用，多见于定位中低端的商场、传统百货商场。

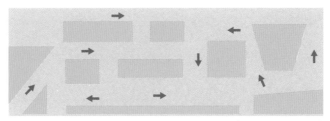

商业 通道

●图6-45 自由式

案例

茂业百货

深圳茂业百货采取的就是自由式动线结构。商铺数量达到了最大值，但可规性降低。过多的商铺布置扰乱了项目购物氛围，降低了顾客购买愉悦感。

优点：充分利用商业区域的面积，尽可能地降低面积的浪费，顾客可以随意流动。

缺点：容易产生人流盲点和死角，回流现象时有发生，造成人流堵塞。

修饰方法：通过内部设置导视牌，增加动线指向性，引导、分散人流。

（5）流水线式

流水线概念：像流水线操作那样，人流的前进有固定的顺序和方向。如图6-46所示。

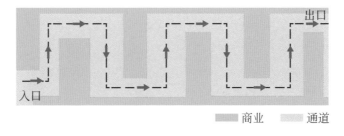

出口

入口

商业 通道

●图6-46 流水线式

适用条件：一般适用于大平层的专业市场。

商业空间设计看这本就够了（全彩升级版）
Commercial Space Design

案例

宜家

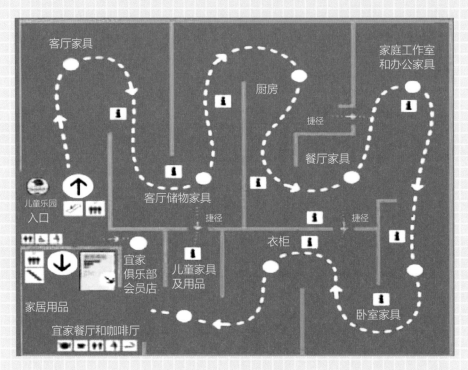

● 图6-47　宜家动线规划

宜家就是流水线式动线规划的典型范例，如图6-47所示。

整个平层由一条通道贯穿。通道上做了箭头的指示，顾客沿着这条通道就可以经过平层中的每一个区域。

优点：强制性地让人流经过整个商业区，没有死角和盲点。

缺点：人流动线很长，方向单一，顾客不能自由流动，容易造成顾客疲劳和烦躁。

修饰方法：每隔一段就设置一个导视牌，让顾客在如此长的动线当中不至于迷失方向，时刻清楚自己的位置。设置捷径路线，方便有需要的顾客跨区流动。

（6）复合型式

复合概念：前面所述的几种人流动线的组合。

适用条件：一般适用于商业面积较大的商业体，目前各购物中心主流的动线设计方式。复合环形结构可通过各种环形结构的组合更好地利用空间，整合小业态组合，增加顾客通过和浏览的概率。中轴线或焦点处设置中庭、拔层等明确向心性与指向性。

案例

万象城（图6-48）

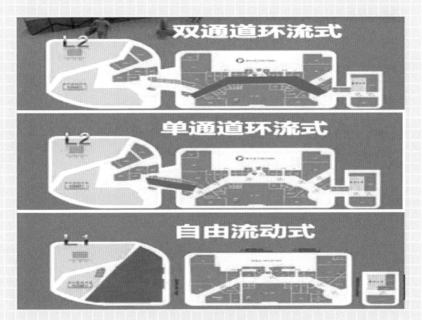

●图6-48　万象城

优点：可以根据项目的具体情况吸收各种人流动线的优势，人流动线更加灵活多变。

缺点：对商业体的面积要求较高。

修饰方法：根据不同区域招商情况、业态布局合理组合各种动线方式，增加购物乐趣。

对水平人流动线设计的总结如表6-16所示。

表6-16　水平人流动线设计的总结

编号	人流动线类型	优势	劣势	适用产品类型	案例名称	商业类型	项目档次	商业体量/万平方米
1	单通道环流式	布局紧凑，通过效率高、店铺浏览率高、方向性强	洄游性差、单方向性造成一定的枯燥感	地铁商业、购物商场步行街部分	北京世贸天阶天幕区域	购物中心	高档	22.8
2	双通道环流式	洄游性好，灵活循环流动	牺牲商业面积	商业体量较大的多层商业体	上海百联西郊购物中心	购物中心	中高档	11
3	环岛式	突出主力店的核心效应	流动方向较为单一，缺乏灵活性	大型购物中心，具有较强优势的主力店	上海港汇广场	百货	高档	7
4	自由流动式	充分利用商业区域的面积	产生人流盲点和死角	中低端的商场传统百货商场	深圳茂业百货	百货	中高档	4
5	流水线式	强制性地让人流经过整个商业区，没有死角和盲点	人流动线很长，方向单一	大平层的专业市场	深圳宜家家居	专业市场	中档	3
6	复合式	人流动线更加灵活多变	商业体面积要求较高	大型购物中心	深圳万象城	购物中心	高档	18.8

6.2.4 垂直人流动线设计

　　垂直动线的规划设计也是购物中心设计成功与否的关键因素之一。要想将低层客流迅速带往高层，除了靠主力店的吸引力，明晰便捷的垂直动线也不可或缺。垂直动线有多种形式，各有其特点及实用性：自动扶梯提供一个客流垂直向上的连续动线，减轻购物中心内部的拥挤，在吸引客流向上的同时，将人流分散到各楼层；自动步道则更加人性化，可以承载婴儿车和手推车。不足之处是它需要占用更多的空间，故多用于大型超市与一层和停车场连接的空间；垂直电梯的应用更为普遍，其运载能力更大，但易造成客流拥堵，也易发生故障。

　　垂直动线交通工具主要分为自动扶梯、自动步道、升降电梯、楼梯4个形式，如图6-49所示。

●图6-49　垂直动线交通工具

（1）自动扶梯设置

商业建筑中自动扶梯的布置原则是连续、均衡、高效。连续是指自动扶梯的衔接应比较连贯，自然地把顾客在层间传送。均衡指自动扶梯布置宜均匀，一般一部自动扶梯的服务半径不宜超过50m，在香港常常每隔20 ~ 40m设置一组。应注意商场在中、高层需设置自动扶梯把人流引导到尽端商铺。高效指自动扶梯的数量应根据动线长度、商业规模等因素有一个合理值，过多或过少均不能满足使用需求。

① 自动扶梯放置方式　自动扶梯排列方式与休息空间、展示空间、中庭空间的结合为购物中心创造出各种活跃的空间环境。

② 自动扶梯空间组合　多部自动扶梯的排列方式有以下几种，如图6-50所示。

并联排列式	平行排列式	串联式排列	交叉排列式	分离排列式
• 优点 每层楼层交通可以连续，升降两个方向交通均分离清楚，外观豪华，较为醒目 • 缺点 安装面积大，不易与环境充分融合 • 适用范围 用于环境较封闭的购物中心	• 优点 安装面积偏小 • 缺点 每层楼层交通不连续 • 适用范围 早期的商业地下空间	• 优点 有利于与环境结合，形成活跃的空间序列，安装面积小 • 缺点 每层楼层交通不连续	• 优点 顾客流动升降两方向均为连续，升降流动不发生混乱，安装面积小 • 适用范围 用于采光中庭，使界面连续性强，以弱化地上层与地下层之间的差异，并形成较强的导向性	• 优点 与中庭节点共同构成，导向性强 • 适用范围 多与连续中庭空间结合布置，适合于突出空间环境的购物中心

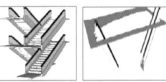

●图6-50　多部自动扶梯的排列方式

a.平行式　平行式扶梯布置可减少对店面的遮挡，同时，迫使顾客绕行半圈再上或下到相邻的楼层。平行式还可细分为单台平行排列和双台平行排列。

b.交叉式。交叉式扶梯布置会遮挡一些店面，但运输连续，顾客也方便。交叉式也可细分为单台交叉排列、双台并行交叉排列和双台集中交叉排列。

c.接力式。接力式扶梯布置，即上或下的一组扶梯并不布置在同一位置，而是沿着商业动线往前平移，形成接力式。这种布局方式一般适于动线中段，提高商场各层、各个位置的均好性。

d.跨层式。跨层式扶梯常采用跨越两层甚至两层以上的长扶梯把顾客送往高层，俗称飞天梯。跨层式扶梯便于顾客迅速到达高层区，提升高层区的商业价值，创造宏伟的中庭景观。

以上四种自动扶梯的布置方式中，前两种是最基本的方式。对于采用交叉式、平行式孰优孰劣，各有说法。国内商业常喜好采用平行式，但在中国台湾和日本，常采用交叉式（剪刀式）。交叉式的有利之处在于可以让顾客右转上楼、左转下楼，很顺利地到达商场每一层，这种做法可避免平行排列式的弊端，即顾客易在平台处形成拥挤，从而使顾客上下楼更为方便、舒适。

③ 自动扶梯设计位置　成组集中布置的自动扶梯应结合各中庭来布置，有两种常用方式：一种方式是沿着中庭开洞平行布置，尽量避免遮挡视线，实现商场内各层视野畅通无阻；另一种方式是在中庭洞口两侧左右穿梭，这样可以兼顾各个楼层上左右两侧店面的可达性，形成比较丰富活泼的室内空间效果，但对视野有一定的阻碍。

●图6-51　决定自动扶梯数量的3项内容

决定自动扶梯数量的3项内容如图6-51所示。

商场中自动扶梯的常见规格根据其宽度有600mm（1人宽）、800mm（1.5人宽）和1000mm（2人宽）等，额定速度也有0.5m/s、0.65m/s和0.75m/s等若干种。目前，从提升运载效率及节能出发，越来越多的商场都在逐步采用可变速电梯。

位于中庭的自动扶梯在布局中还应考虑与垂直客梯的关系。一般自动扶梯与垂直客梯在一层应就近布局，这样设计有利于在地下车库层两者共同组成一个电梯厅，便于顾客选择使用。

例如，香港国际金融中心（图6-52）垂直交通设置非常合理，手扶电梯12对，30～40m就设置一组电梯，极大地方便了顾客。

（2）垂直客梯设置

在商场中，垂直客梯是对自动扶梯运送客流的一个有益补充。尽管它不具备自动扶梯实时连续的特点，但能直达各层面，为目的性强的顾客提供了很大的方便。垂直客梯的布置原则是方便、均衡、高效。方便指客梯位置应易于寻找，并便于顾客在扶梯和垂直客梯两种交通方式中自由选择；均衡指垂直客梯布局应均匀；高效则指客梯数量应适宜，满足日常顾客的使用要求。

第1层

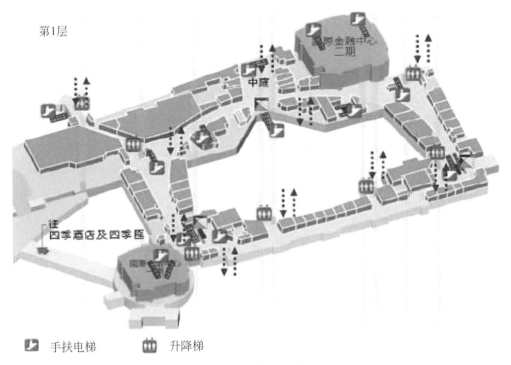

🔼 手扶电梯　　🛗 升降梯

● 图6-52　香港国际金融中心

① 动线放置方式

a. 入口。能够快速将人流导到不同的楼层，提高高楼层或地下层的人流量。

b. 中庭。随着扶梯的上下行，增加室内空间的动感，同时也在空间内形成了一个层间运动的主要交通枢纽。

c. 主动线挑空处。通过挑空部分能看到上楼或下楼的下一个动线连接。

d. 主动线节点处。通过设置自动扶梯，使水平主动线在节点处、在垂直方向上保持连续性。

升降电梯对于连接楼层及停车场是非常重要的工具，速度快，安装、运转费用便宜，还可用于中庭景观起到不载货作用，但容易形成拥堵。

157

② 尺寸和数量　商场中常用客梯尺寸，如1600kg的额定载重，当额定速度为1.75m/s时，井道尺寸为2600mm×2400mm，轿厢尺寸常用1600mm×1500mm。

升降电梯数量根据层数、楼层营业厅面积、电梯速度、承载人数来确定，如图6-53所示。

③ 升降电梯动线放置案例　升降电梯动线放置案例如图6-54所示。

a.建筑的角部。升降电梯设置位置要求各层上下贯通，此特点适合于设置在建筑角部，紧邻主动线或者中庭。

b.中庭。与中庭设计结合，形成很有视觉冲击力的动态景观，作为观光电梯，成为中庭内的主要景观之一。

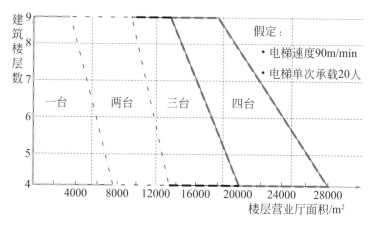

● 图6-53　升降电梯数量的确定因素

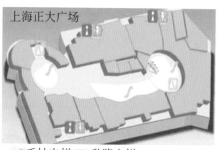

● 图6-54　升降电梯设计位置

●图6-55　北京朝阳区光华路SOHO垂直客梯设置

c. 主动线拐角处。布置在主要人流的方向，把人流高效、快捷地向各个方向输送，通过垂直方向引导，保持动线连续性，如图6-55所示。

过去商场中流行使用观光梯，人们认为这样不仅可以对自动扶梯运输能力进行补充，还可以在中庭创造一种流动的景观。现在的商场已经不再普遍采用观光梯，而是用临近中庭的凹入式电梯厅来替代观光梯。这种做法比起原来中庭设观光梯的优势在于：一方面可以避免观光电梯对各层背后商业店铺的遮挡，使中庭更为开敞；另一方面也可避免大量人流在观光梯附近集聚等候而对公共走廊形成拥堵。另外，独立的客梯厅除为顾客提供充足的等候空间外，也含有对各层店面内容的信息指示，方便顾客查询。

案例

第五大道阿玛尼

这个项目坐落在纽约市中心，世界知名的街区之一——第五大道和56街之间的两个建筑物的底部三层。包括地下室在内，展厅共有上下四层空间，设计构想是一个没有明确分区的整体空间，通过其中漩涡状楼梯带来的力量感和谐地联系在一起，如图6-56所示。

●图6-56　第五大道阿玛尼楼层垂直动线设计

（3）楼梯

① 动线放置方式。楼梯在商场内主要起消防疏散的作用，通常布置在建筑的角部或靠外墙处。在满足消防要求的前提下，尽量压缩步行楼梯的面积，可通过设计特色，做成美化街道的景观。

② 楼梯特点。楼梯在实际使用过程中，由于自动扶梯和电梯的存在，使用率非常低，主要起消防疏散的作用。

设计要求以防火规范为依据，需要满足疏散距离、疏散宽度、直接对外出入口等要求，在满足消防要求的前提下，尽量压缩步行楼梯的面积。通过楼梯设计特色，美化街道景观，活跃空间。

（4）自动步道

① 动线放置方式。自动步道具备可承载手推车、婴儿车、购物车等，运输率较高，而且没有台阶等优点，但所占空间较大。目前主要应用于大型超市内，购物中心等类型中极少采用。

② 自动步道的特点。优点：承载手推车、婴儿车、购物车等，运输率较高，而且没有台阶；缺点：需要比自动扶梯更大的空间以能达到合适的坡度；适用范围：大型超市内适合于购买日用品或食品较多的顾客，它能有效地承载婴儿车及手推车；距离较长的连廊建议使用。

垂直人流动线设计的总结如表6-17所示。

表6-17　垂直人流动线设计的总结

形式	自动扶梯	升降电梯	自动步道	楼梯
数量	需要根据商业体的体量、商业体的建筑设计、商业体的定位、人流量等因素来确定 总体的原则是：商业体体量和人流量越大，需要的垂直交通工具越多			
地点	中庭附近	中庭附近	商场边侧，设置得比较隐晦，顾客一般要根据导视牌才能找到	

案例

香港大型购物中心人流动线设计

（1）多主力店原则，层层都有核心主力店，有的购物中心每层甚至于有数个主力店

香港购物中心（专题阅读）都是多层，最高有18层之多，通过多主力店布置，使购物中心规划设计（专题阅读）的人流拉动力达到最强。如香港又一城、香港海港城等购物中心，某些层级一层甚至于有三家以上的主力店，如表6-18所示。

表6-18　香港大型购物中心的主力店

购物中心名称	主力店
海港城	连卡佛百货、惠康超市、嘉禾电影院、玩具反斗城
太古广场	连卡佛百货、玛莎百货、西武百货、UA电影院

续表

购物中心名称	主力店
时代广场	百佳超市、连卡佛百货、玛莎百货、丰泽电器
又一城	百佳超市、玛莎百货、永安百货、丰泽电器、LOG-ON、生活创库
太古城中心	生活创库、玛莎百货、永安百货、LOG-ON、UA电影院、真冰场、美国冒险乐园
新城市广场	玛莎百货、UA电影院、宜家家私

（2）将主力店设置于购物中心的两端，将一般商户设置于购物中心的中部

购物中心内部的人流动线规划是购物中心规划的灵魂。内部人流动线设计的基本要求是引导人流经过每一间店铺，使每一间店铺都拥有足够的人流，使每一平方米的室内空间都能为购物者创造愉悦的体验，使每一间店铺都创造尽可能多的营业额。

购物中心的人流动线规划与地块形状有关，与出入口的设置有关，与主力店的位置安排有关。

当地块形状为长条形时，香港购物中心的经验是采取将主力店设置于两端，将一般承租商户设置于中间的方式。

例如，香港又一城的LG1层平面当中（图6-57），其两端分别是香港唱片旗舰店和AMC电影院，而一般的承租商户则分布于中间。这样在两大主力店的拉动下，中间的一般承租户就能享受更多的人流，实现资源互动、人流共享的目的。

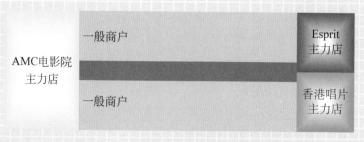

● 图6-57　香港又一城的LG1层平面设置

（3）将主力店设置于购物中心中间，一般商户围绕主力店分布

全球购物中心的造型无外乎9种类型，分别是直线带状、L形、U形、集团形、T形、三角形、哑铃形、四方形和垂直立体式。

主力店与一般承租户的动线安排，其基本原则在于利用主力店与一般承租商户的不同位置，吸引消费者在购物中心内做双向流动，这样才能获得最大的消费效果。

香港比较常见的购物中心造型除了长条形的直线带状之外，L形和四方形的也比较常见。这两种平面造型的购物中心，其基本的动线规划就是将主力店布置在购物中心中间，而一般承租户则围绕着主力店呈发散状分布。

香港购物中心的这种动线规划原则的精髓在于：将主力店设置在中央地带，就能形成一个平面的商业核心，同时积极利用这个核心作用的人流吸引作用，达到人流聚集、发散的效果。不仅促进了一般承租商户的经营，也促进了主力商家的经营，使购物中心商业元素之间实现良好的整体互动。如图6-58所示。

●图6-58　香港购物中心的动线规划

（4）设置多个地铁出入口，全方位引导人流，使购物中心与地铁站融为一体

现代购物中心的建设的两个基本原则就是易达性原则和聚集性原则，即要将购物中心建在集客能力最强，顾客最方便，最容易到达的地方。香港建于地铁沿线的购物中心，最主要的人流来自于地铁，如何方便人们乘坐地铁，以及如何促使地铁的人流在此形成聚集效应，是购物中心在设计的时候，就要重点考虑的一个问题。

香港的众多购物中心，在全方位引导人流方面，最成功的一种方式就是在购物中心内设置不止一个地铁出入口，而是设置几

●图6-59　香港购物中心多个地铁出入口的设置

个地铁出入口，如位于地铁青衣站的青衣城就都设有两个地铁出入口。

多个地铁出入口的设置，有利于促进购物中心的整体经营。如青衣城在同一平面上设置两个地铁出入口（图6-59），这样的设计至少有两大作用。

① 在地铁到站后，有利于疏导人流。当人流过于拥挤时，则消费者购物频率不高。多出入口的地铁设计，有利于合理分散人流，提高购物概率。

② 不同平面、不同区域的地铁出入口设计，在方便了消费者乘坐地铁及进出地铁站的同时，还能引导人流购物。在一个购物中心造就了两条地铁大街，两个地铁同层，使更多街道上的商户、更多平面上的商户，能享受到地铁所带来的人流和商机。

（5）不把停车场只放在负一层，而是将停车场进行多楼层设置，进行人流引导

不把停车场只放在负一层，而是将停车场进行多楼层布置，其目的不仅是在城市中心，寸土寸金的地方创造更多的停车位，而且停车场多楼层设置的结果更便于人流引导，使购物中心人流的进入途径和分布更加合理。如图6-60所示。

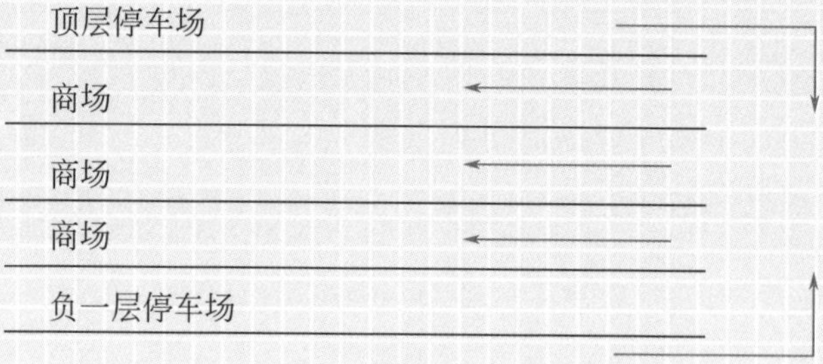

| 顶层停车场 |
| 商场 |
| 商场 |
| 商场 |
| 负一层停车场 |

●图6-60　香港购物中心停车场设置

（6）将美食广场安排在购物中心的顶楼，形成吸引人流的磁极

香港购物中心对美食的安排极为考究，会在一个面积较大的区域，形成一个专门的美食区。

美食广场位置的设定，各有不同，如青衣城安排在中庭地面，时代广场、旺角新世纪等则安排在顶楼。将美食广场安排在顶层，有香港购物中心独特的考虑。美食广场具有"365天的市民餐桌"的特点，美食具有"经常性"的特点，而且顾客在就餐前后，必定会在购物中心内行走，随时都有可能购物。从这个角度来看，将美食广场安排在购物中心的顶楼，是有必要的。

（7）在购物中心设置大型电视屏幕，形成人流集中的焦点效应

　　现代购物中心大多在主入口处设置大型露天广场，以达到吸引人流和聚集人流的效果。

　　香港购物中心众多，为吸引人流，表达时尚，在购物中心内设置大型电视屏幕就成为一种有效的手段。

（8）建筑玻璃外墙进行主题式设计，让建筑外部形成消费动力

　　购物中心外立面采用玻璃幕墙材质，在香港和大陆都比较常见。香港购物中心的一个成功经验就是：如何通过对玻璃幕墙的运用，达到最佳的吸引人流的效果。

　　通过对比我们可以发现：大陆购物中心的玻璃幕墙在形成了一个良好的建筑观感之后，并没有营造出浓郁的购物气息。而香港购物中心却充分利用了玻璃幕墙材质透明的特点，将浓郁的购物气息充分展示出来，形成了一个良好的外部形象设计，让路人经过此处，就生产了进入购物中心的愿望。

（9）将电影城的入口设置于首层，但是出口却设置于高层，引导人流往上走

　　香港购物中心设有电影院非常普遍，其成功之处在于：部分购物中心不仅把电影院作为一种娱乐投资，更利用它对人流的良好拉动作用，形成购物中心内的又一条人流动线。

　　如又一城和太古广场的电影院，就有意将电影院的入口设置在首层，而出口却设置在较高的层次。这样，顾客在一次看电影的过程中，就会形成一条相对完整的人流动线，通过增加人的流动，增加购物中心商品的消费，如图6-61所示。

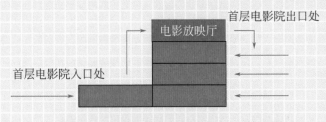

●图6-61　香港购物中心电影院出入口的设置

（10）巨大的、可爱的卡通公仔摆在交叉路口，将人流引向购物中心

　　由于地铁拥有多个出口，人流瞬间即分散。香港购物中心在如何吸引人流的技巧方面，创意很多，而且很富亲和力，如图6-62所示。

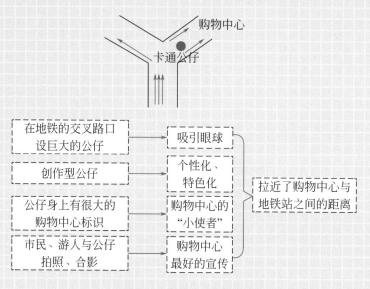

● 图6-62　香港APM购物中心

（11）自动扶梯口设置引导性广告，吸引人流按照其引导的方向走

在自动扶梯口摆放主力店广告招牌的方式很普遍。在购物中心的中庭悬挂商户的广告招牌。

（12）充分发挥街铺的聚客作用，设计尽可能多的街铺以营造商业气氛

现代购物中心的商铺以封闭式为主，如封闭式的商业街和错落在商场各层的各式各样的商铺等。但开放式的传统街铺，直接面对消费人群，还是具有相当的吸引力，对营造街区商业气氛起着很重要的作用。

购物中心是不是要有开放式街铺，以及开放式街铺与封闭式街铺共同存在的矛盾如何协调，是发展购物中心一直在探讨的问题。

由于香港人口密度大，商场周边流动人口密集或靠近住宅区，有一些购物中心，因地制宜地在沿街或沿住宅面设置了街铺，并取得了成功。

（13）顶楼设置特色化，让顾客情不自禁往上走

在顶楼可以设置以下商业项目：美食广场；大型电视屏幕；电影城；娱乐项目：玩具反斗城、溜冰场、冒险乐园、儿童乐园等。

07

商业软环境
系统设计

7.1 色环境设计

7.1.1 色彩概述

（1）色彩的基本概念

色彩感觉信息传输途径是光源、彩色物体、眼睛和大脑，也就是人们色彩感觉形成的四大要素。这四个要素不仅使人产生色彩感觉，而且也是人能正确判断色彩的条件。在这四个要素中，如果有一个不确实或者在观察中有变化，我们就不能正确地判断颜色及颜色产生的效果。因此，当我们在认识色彩时并不是在看物体本身的色彩属性，而是将物体反射的光以色彩的形式进行感知。如图7-1所示。

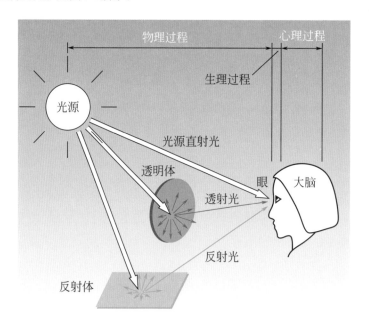

● 图7-1 人的色彩感知过程

色彩可分为无彩色和有彩色两大类。对消色物体来说，由于对入射光线进行等比例的非选择吸收和反（透）射，因此，消色物体无色相之分，只有反（透）射率大小的区别，即明度的区别。明度最高的是白色，最低的是黑色，黑色和白色属于无彩色。在有彩色中，红橙黄绿蓝紫六种标准色相比较，它们的明度是有差异的。黄色明度最高，仅次于白色，紫色的明度最低，和黑色相近。可见光光谱线如图7-2所示。

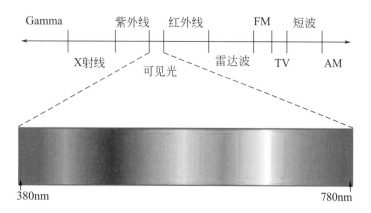

●图7-2　可见光光谱线

有彩色表现很复杂，人的肉眼可以分辨的颜色多达一千多种，但若要细分差别却十分困难。因此，色彩学家将色彩的名称用它的不同属性来表示，以区别色彩的不同。

（2）色彩的心理特性

① 色彩的进退与缩张的特性　色彩有两大类别：彩色和无彩色。色彩有明度、纯度、色相差别。色彩还有冷暖之分。红色、黄色、橙色等是暖色，绿色、蓝色等是冷色。

在色彩的比较中，我们把感觉比实际距离近的色彩叫前进色，感觉比实际距离远的色彩叫后退色；感觉有扩张感的色彩叫膨胀色，感觉有缩小感觉的色彩叫收缩色。

色彩有不同感觉：

a.纯度高的色彩刺激性强，对视网膜的兴奋作用大，有前进感、膨胀感。而纯度低的色彩激弱，对视网膜的兴奋作用小，有后退感、收缩感。

b.明度高的色彩光量多，色刺激大，有前进感、膨胀感。而明度低的色彩光量少，色刺激小，有后退感、收缩感。

c.红、橙、黄色波长，有前进感、膨胀感。而蓝、蓝绿、蓝紫等色波长短，色彩有后退感、收缩感。

d.暖色有前进感、膨胀感。冷色有后退感、收缩感。

e.在不同背景的衬托下，与大面积背景成强对比的色彩有前进感、膨胀感。而与背景成弱对比或接近的色彩有后退感、收缩感。

② 色彩的冷暖特性　色彩的冷暖与物理温度无关，色彩冷暖只是指人们心理对色彩的感觉。其区别是通过我们积累的视觉经验得到的，并加以联想成为感知色彩的知觉力。如红色联想到火焰、血液等，蓝色联想到水或冰等。这些联想包含着明确的观念，导致感情的反应：红色是暖色，蓝色是冷色。

冷色给人以"静"感，如：寒冷、清爽、远的、方直、潮湿的、理智的、空气感、透明的、镇静的、轻的等感觉。暖色给人以"动"感，如：热情、刺激、喜庆、流动感、阳光，近的、重的、感情的、圆滑的、干燥的等感觉。

③ 色彩的轻重与软硬特性　基于人的心理作用。由物体色诱导与视觉经验结合形成重量感。

a.明度低的色彩显得重，有硬感、收缩感。明度高的色彩显得轻，有软感、膨胀感。

b.在同明度、同色相条件下，纯度高的色彩感觉轻、软、有膨胀感，纯度低的色彩感觉重、硬、有收缩感。

c.暖色如黄、橙、红等给人感觉轻，有软感、膨胀感，冷色蓝、蓝绿、蓝紫等给人感觉重，有硬感、收缩感。

④ 色彩的华丽与朴素特性　影响色彩感情最明显的是色相，其次是纯度，再次是明度。

a.红、橙、黄等暖色是最令人兴奋、鼓舞的积极色彩，而蓝、蓝绿、蓝紫等给人沉静、忧郁的感觉，是消极色彩。

b.纯度高的色彩给人的感觉积极，而纯度低的色彩给人的感觉消极。

c.高明度的色彩（同纯度、同色相）给人的感觉积极，而低明度的色彩（同纯度、同色相）给人的感觉沉静、稳重，但明度高低与色彩的积极、消极的关系比较复杂，随具体的纯度、色相的不同而不同。

⑤ 色彩的"四季"特性　春夏秋冬四季，可用一组色彩。根据个人的不同心理感受，以色相特征为主，结合明度、纯度属性表现出春的生机、希望，夏的炎热、强烈，秋的收获、成熟、冬的寒冷、素雅等特征。

⑥ 色彩的"味觉"特性　色彩的味觉感受，是指心理上对酸、甜、苦、辣不同味道的色彩感觉之表达。

每个人虽然对"味觉"的色彩感受有所不同，但是在色彩性质的制约下，联想到的内容是有共性的。也正是由于这种共性色彩的情感表现为大多数人所理解和接受是完全可能的。

⑦ 色彩的"音乐"特性　快节奏的音乐，色彩感觉是对比强烈，纯度高，明度高，色调较暖；慢节奏的音乐，色彩感觉是对比柔和，中低纯度，色调是中性偏冷；忧伤的音乐，色彩感觉对比模糊或对比强烈，色彩的纯度低，明度低，色调是冷色的。

⑧ 色彩的庄重与活泼特性　色彩的庄重感：有中明度、低明度色彩，有中纯度、低纯度色彩色相有冷暖中性色，色彩对比适中，有稳重感、庄重感。

色彩的活泼感：高纯度色彩，明度较高的色彩。色相对比强烈的色彩，有动感、活泼感。

7.1.2 商业空间中的色彩作用

如何创造同商业空间主题及产品性格相协调的，并带有一定情调的色彩环境，是色彩设计的重点。

（1）创造性

运用色彩的对比作用和调节作用，通过商品色彩之间的反衬、烘托或色光的辉映，使观众获取特定的、良好的视觉感受与心理效果。

案例
韩国仁川森林小屋餐厅

业主希望在当地开一家低中档的餐厅，但同时希望餐厅是非同一般、独一无二的，如同城市中的森林小屋。

建筑师首先简化了建筑形象，然后将其转化成大约300扇百叶，可以180°自由旋转。由此创造的光影互动效果赋予了立面以丰富的表现力。百叶窗本需要人手工操作，经改良后如同林间的树叶，随风摆动。

冬去春来，街边的参天大树开始长出茂密的叶子，使林荫大道绿意盎然。建筑正面就隐匿在这些街边树木中，而绿色的立面则与之融为一体，创造了另一个巨大的绿色立面，使城市中的绿色小屋更加完美。如图7-3所示。

● 图7-3　韩国仁川森林小屋餐厅

（2）导向性

在商业空间设计中利用商业空间的主题色或企业的标志色，从而形成商业空间的标识象征，这样能够起到良好的指示性和导向性的作用，并有利于宣传企业形象和商品的特点。很多企业在其全球所有的营业空间及商业宣传中，一直以其企业色为主色的基调，体现产品—标志—包装—广告的国际色彩战略。由此，商业设计中的色彩处理正是这一国际战略的重要组成部分，能够使观众即使从较远的距离也能清楚地识别色彩的存在。

案例

日本东京 MOMOM 奶制品零售店

设计的任务是要提供一个诱人的显示空间的产品，通过唤起农场和牛奶的意象关联，这是该品牌的乳制品的一个重要组成部分。

设计师设想的空间充满了活泼的生命能量——草原鲜奶和森林环绕的农场奶牛，设计灵感来自于销售的每个产品制作过程中体现出来的对人的关爱，设计师采用手工工作使用一种颜色会渐变的特殊的油漆进行粉刷墙壁和陈设柜，力求表现混沌之美和大自然的活力，整个店铺呈现出丰富的表现力。如图7-4所示。

● 图7-4　日本东京MOMOM奶制品零售店

（3）情感性

在不同类型的商业空间中，不同的功能与目标包含着不同的情调与氛围。不同的企业、不同类别的产品，其商业空间环境的情调氛围就各不相同。举例来说，科技产品的商业空间和工业产品的商业空间都常采用冷色调处理，但二者在视觉的心理感受上存在着明显差异。前者体现想象力和科技感，后者注重实用性能与操作性能。因此，正是这种大的环境色调和商业空间产品个性的色彩基调，能够很快作用于人的心理，从而使人产生强烈的行业印象。

案例

蒙特利尔药店

基于其所处的城郊环境，设计师采用了融入设计的色彩塑造了整个空间，如图7-5所示。圆形的展柜和环形组织的检验室，使其内部更为顺畅。

这个空间反映出这个行业人性化的一面。将药店设计成了一个更有人情味，简单又有聚合力，谦逊有礼的场所，使得药剂师和患者之间能更轻易地见面与交流。整个空间的布局设计如图7-6、图7-7所示。

●图7-5　贯穿空间的浅色系色调　　　　　　　●图7-6　商店的中心

　　设计公司也曾设计过亚历山大中心药店，其拥有者也是一位药剂师，这两个医疗建筑之间也有一定的联系。在室内方面，这两者都采用了相似的体量和材料来实现其连贯性，呈现出一种复古式的外观，这使得空间被赋予了清晰、简洁的生气。而其流动性和曲面墙用一种温和的方式点亮了这个空间（图7-8）。同时，家具也使用了圆形这一主题。而等待室天花板上选用了木板条来增加质感、温暖和明亮感。

●图7-7　将较高的货架摆在外围，　　　　　　●图7-8　商店的动感和曲面墙用一种温和
　　　　　低矮的柜台聚集在中间　　　　　　　　　　　　的方式点亮了这个空间

（4）审美性

精心搭配的色彩、色调、韵律与节奏感均能创造更加出色的商业空间环境，达到美化商品的目的，给购物中的顾客以视觉和心理的愉悦享受。

如图7-9所示，SUITSUPPLY上海绅士公馆形象的旗舰店，位于优雅的老式"法租界"中心区域，SUITSUPPLY将一栋20世纪的历史建筑整修一新并以全新绅士公馆形象展露。公馆将现代与历史、东方与西方、简约与繁复流畅地融为一体。公馆分为三楼，包括了休闲西服、西装、私人定制以及晚礼服区域。一个美丽私人花园围绕公馆，精致的夏日凉亭坐落其中。当驻店裁缝为你修改衣装的同时，还可于凉亭酒吧中小酌一杯。

● 图7-9　SUITSUPPLY上海绅士公馆形象旗舰店

7.1.3 商业环境设计中的色彩表现

（1）空间色调气氛

空间色调气氛是指商业环境设计的色彩心理氛围和色彩所烘托的空间调性，而不是单独对空间的某个具体物的颜色而言。它包括环境维护体所采用的表层用色，尤其是空间光源（自然光或人工光）布光处理。

▲ 案例

日本新宿 Kampo Lounge 天然草本诊所

大部分人脑中对诊所的印象都是一片白色，虽然干净，但也不免有冰冷的感觉，让病人本已因病痛而变得脆弱的心灵更加紧张。而这家日本诊所住吉堂针灸院（SUMIYOSHIDO Kampo Lounge）则给人完全不同的感觉，单单是这清新的绿色就已瞬间让人治愈。

原本满墙的放置各类中草药的抽屉和诊所墙面都被刷成了清新的薄荷绿。设计师认为：“那些一格一格的小抽屉储存的不仅是中草药，我们认为这些抽屉格盛满的更是中草药的一种历史文化积淀。”如图7-10所示。

● 图7-10　日本新宿 Kampo Lounge 天然草本诊所

（2）空间材质选色

任何材质的表现都离不开色与光（受光与反光）的影响。材质的选用与处理也是确定环境空间的视觉认识与心理影响的基础。同一材质由于不同色彩；同一色彩由于不同光照；同一色彩、同一光照由于不同反光，都将造成人们不同的视觉感受和不同的心理感应。色彩在材质上的表现可直接改变其材质的轻重感、软硬感、朴实华丽感；甚至大小感、远近感、动静感等的视觉心理反应。

如图7-11所示，项目是对里昂滨水码头区及其周边工业进行再投资、开发、建设的融文化及商业活动于一体的建筑项目。橙色所用的铅丹，是港区中常见的工业用色。

（3）空间整体与和谐

商业环境的色彩设计，是以人的色觉生理、心理的适应性和功能性为要求的。完美的商业环境色彩设计既要考虑实用功能，也要突出空间的个性。人对色彩视觉的饱厌性，决定了

● 图7-11　橘色方块

对色彩运用的限制，所以，整体与和谐是商业环境色彩设计中的基本准则。

对比与调和是空间色彩设计组合的基本规则。同一色相的颜色，可以用明度的变化产生对比；同一明度的颜色，也可以用不同色相或纯度产生对比；近似色和邻近色的运用，有利于组成和谐的色调。为了增加空间色彩的活跃气氛，往往也可使用对比色或补色，但需要运用主色调来进行统一。

如图7-12所示，柏林Rich & Royal时装专卖店设计，其设计灵感来源于全球各地的时尚潮流，店内使用黑色、灰色和金色把品牌的内涵阐述得淋漓尽致。

● 图7-12　柏林Rich & Royal时装专卖店

7.2　光环境设计

7.2.1 概述

（1）光的特征

光是一种能在人的视觉器官上引起光感的电磁辐射，其波长范围为380 ~ 780nm。在这个范围之外的，通常称为"线"和"波"。例如，波长大于780nm的红外线、无线电波等，和波长小于380nm的紫外线、X射线等。

人依赖不同的感觉器官从外界获取的信息中，有约80%来自视觉器官。光对人的视力健康和工作效率都有直接的影响，良好的照明环境是保证人正常工作和生活的必要条件。

① 光源　自身能够发光的物体叫做发光体，物理学称之为光源。如果光源与照射距离相比，其大小可以忽略不计，这样的光源叫做点光源。点光源发射的光在空间是各处均匀的。光源附以适当的装置后，可以发射平行的光束，例如探照灯，或者，被照射的物体相对于光源或照射距离其体积极小，例如地球与太阳的关系，这时的光源叫做平行光源。

② 光通量　光源发光时要消耗其他形式的能，例如电灯发光时要消耗电能，煤油灯和萤火虫发光时都要消耗化学能，所以，光源也就是一种把其他形式的能转变为光能的装置。前已述及，光是一种电磁辐射，物理学上把光源辐射出的光能与辐射所经历的时间之比称作光源的光通量。即如果在ts内通过某一面积的光能是A，那么光通量就是这一面积的光能A与照射时间t的比值。

光通量与光谱辐射通量、光谱光视效率、光谱光视效能成正比。光通量单位是流明（ lm ）。1lm是1烛光的点光源在单位立体角内所发射的光通量。发光强度是1烛光的光源，它所发出的光通量就是4lm。

③ 发光强度　光通量描述的是某一光源发射出的光能的总量，但光能（光通量）在空间的分布未必是各处均等的。例如台灯戴与不戴灯罩，它投射到桌面上的光线是不一样的，加了灯罩后，灯罩会将往上投射的光向下反射，使向下的光通量增加，桌面就会亮一些。所以，需要引入一个物理量——发光强度来描述光在空间分布的状况。光通量在空间的密度叫做发光强度。发光强度用符号I_α表示，单位是坎德拉（ cd ）。1cd是光源在1球面度立体角内均匀发射出1lm的光通量。

④ 照度　上述光通量和发光强度是就光源而言的，对于被照射的物体而言，需要引入照

度的概念来衡量。照度是单位面积上的光通量，也就是被照面上的光通量密度。照度用符号 E 表示，单位是勒克斯（lx）。1lx 是 $1m^2$ 的被照面上均匀分布有 1lm 的光通量。

照度的定义与实际情况是相符的。当被照面积一定时，该面积上得到的光通量越多，照度就越大；如果光通量是一定的，在均匀照射的情况下，被照面积越大，则照度越小。理解照度有一个感性实例：在 40W 白炽灯下 1m 处的照度约为 30lx。

⑤ 照度与发光强度的关系式称作手传振动　关于照度与发光强度的关系有两条定律。

a.照度第一定律。点光源垂直照射时，被照面上的照度 E，与光源在照射方向的发光强度 I_α 成正比，与光源到被照面的距离 r 的平方成反比，即：$E=I_\alpha/r^2$。

b.照度第二定律。平行光源照射时，被照面上的照度 E 与入射角 i（被照面法线与入射光线的夹角）的余弦和光源在 i 方向的发光强度 I_α 成正比，与光源到被照面的距离 r 的平方成反比，即：$E=I_\alpha/r^2\cos i$。

⑥ 亮度　照度相同的情况下，黑色和白色的物体给人的视觉感受是不一样的，白色物体看起来比黑色物体亮得多，这说明照度不能直接描述人的视觉感受。

发光物体在人的视网膜上成像，人主观感觉该物体的明亮程度与视网膜上物像的照度成正比。物像的照度愈大，人觉得该物体愈亮。视网膜上物像的照度是由物像的面积（与发光物体的面积 A 有关）和落在这面积上的光通量（与发光物体朝视线方向的发光强度有关）所

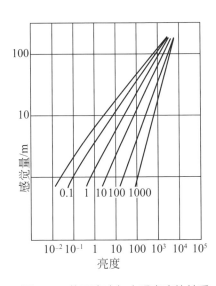

● 图7-13　物理亮度与表观亮度的关系

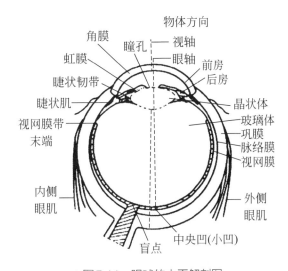

● 图7-14　眼球的水平解剖图

决定。视网膜上物像的照度与发光物体在视线方向的投影面 $A\cos\alpha$ 成反比，与发光物体朝视线方向的发光强度 I_α 成正比，这种关系叫做亮度。所以，亮度是发光物体在视线方向上单位面积的发光强度。亮度用符号 L_α 表示，即 $L_\alpha=I_\alpha/A\cos\alpha$，单位是坎德拉每平方米（cd/m^2）或熙提（sb），$1sb=10^4cd/m^2$。

人主观所感觉的物体明亮程度，除了与物体表面亮度有关外，还与所处环境的明暗程度有关。同一亮度的表面，分别置于明亮和昏暗的环境中，人会觉得昏暗环境中的表面比明亮环境中的表面亮。为区别这两种不同的亮度，常将前者称为"物理亮度（或称亮度）"，将后者称为"表观亮度（或称明亮度）"。图7-13所示是物理亮度与表观亮度的关系。该图说明，相同的物体表面亮度（横坐标）在环境亮度不同时，会产生不同的亮度感觉（纵坐标）。

⑦ 亮度与照度的关系　所谓亮度与照度的关系指的是光源亮度与它所形成的照度之间的关系。反映该关系的是立体角投影定律：某一亮度为 L_α 的发光表面在被照面上形成的照度的大小，等于该发光表面的亮度 L_α 与该发光表面在被照点上形成的立体角 Ω 的投影（$\Omega\cos i$）的乘积。

该定律说明：某一发光表面在被照面上形成的照度，仅和发光表面的亮度及其在被照面上形成的立体角投影有关。

（2）光的视觉效应

外界的光从瞳孔进入眼球，经晶状体和玻璃体在视网膜上投影成像，然后由视神经将该影像传递给大脑，形成视觉形象。如图7-14所示。

人的视觉有如下特性。

① 视野　视野是眼睛不动时所能看到的范围。若眼睛平视，人眼的视野在水平面内左右各约94°；在垂直面内向上50°，向下约70°（如图7-15所示）。

视野有主视野和余视野之分。主视野位于视野的中心，分辨率较高，在20°的视野内，人有最高的视觉敏锐度，能分辨物体细部；在30°的视野内，人有清晰的视觉，即在距视觉对象的高度1.5～2倍的距离，人可以舒适地观赏视觉对象。余视野位于视野的边缘，分辨率较低，余视野即视线的"余光"，所以，为看清楚物体，人总是要转动眼球以使视觉对象落在主视野内。就环境设计而言，人的视野的特点要求将使用频率高或需要清晰辨认的物体置于主视野内，使用频率低的或提示性的、不重要的物体放在余视野内。有这样的规则：重要对象置于30°以内；一般对象置于20°～40°范围；次要对象置于40°～60°范围；干扰对象，例如眩光置于视野之外。

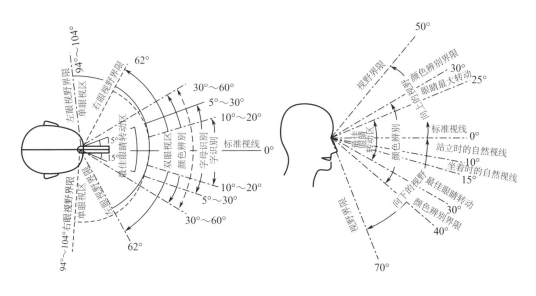

●图7-15　人的水平视野和垂直视野

在同一光照条件下，用不同颜色的光测得的视野范围不同。白色视野最大，黄蓝色次之，再其次为红色，绿色视野最小。这表明不同颜色的光波被不同的感光细胞所感受，而且对不同颜色敏感的感光细胞在视网膜的分布范围不同。人对不同颜色的视野如图7-16所示。

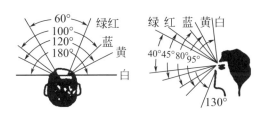

●图7-16　人对不同颜色的视野

表7-1是几种工作视距的推荐值。

表7-1　几种工作视距的推荐值

任务要求	举例	视距离/cm	固定视野直径/cm	备注
最精细的工作	安装最小部件	12～25	20～40	完全坐着，部分地依靠视觉辅助手段
精细工作	安装收音机、电视机	25～35（多为30～32）	40～60	坐着或站着

续表

任务要求	举例	视距离/cm	固定视野直径/cm	备注
中等粗活	印刷机、钻井机、机床旁工作	50 以下	40 ~ 80	坐着或站着
粗活	包装、粗磨	50 ~ 150	30 ~ 250	多为站着
远看	黑板、开汽车	150 以上	250 以上	坐着或站着

② 明暗视觉　明视觉是指在明亮环境中的视觉。明视觉能够辨认物体的细节，具有颜色感觉，并且对外界亮度变化的适应能力强。暗视觉是指在黑暗环境中（0.001cd/m² 以下的亮度水平）的视觉。暗视觉不能辨认物体的细节，有明暗感觉但无颜色感觉，且对外界亮度变化的适应能力低。

人眼能感觉到光的光强度，其绝对值是 0.3 烛光/in² 的十亿分之一。完全暗适应的人能看见 50mile 远的火光。如图 7-17 所示。

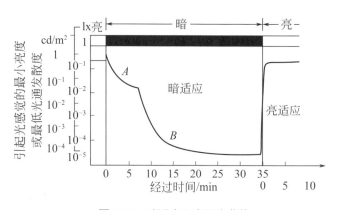

●图7-17　暗适应和亮适应曲线

③ 颜色感觉　在明视觉时，波长为 380 ~ 780nm 的电磁波能引起人眼的颜色感觉。波长在这个范围外的电磁波，例如紫外线、红外线，不能为人眼所感觉。

正常亮度下，人眼能分辨 10 万种不同的颜色。

④ 光谱光视效率　人眼观看同样功率的辐射，对不同波长的光波，感觉到的明亮程度是不一样的。这种特性常用光谱光视效率曲线来表示（如图7-18所示）。明视觉曲线的最大值在波长 555nm 处，即黄绿光波段最觉明亮，愈向两边愈觉晦暗。换言之，人眼对波长为 555nm 的

光,即黄绿光最敏感。暗视觉曲线与明视觉曲线相比,整个曲线向短波方向推移,长波段的能见范围缩小,短波段的能见范围扩大。

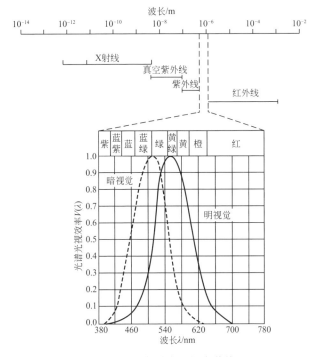

● 图7-18　光谱光视效率曲线

在不同亮度条件下人眼感受性的差异称为"普尔钦效应"(Purkinje effect)。在做环境的色彩设计时,应根据环境明暗的可能变化程度,利用上述效应,选择相应的亮度和色彩对比,否则就可能在不同时候产生完全不同的效果,达不到预期目的。

⑤ 视觉残留　人眼经强光刺激后,会有影像残留于视网膜上,这种现象叫做"视觉残留"。电影的动态和连续的视觉效果就是依赖视觉残留而取得的。残留影像的颜色与视觉对象的颜色是补色的关系,例如,人眼受到强烈的红色光刺激后,残留影像是绿色的。

⑥ 视错觉　人的视觉感受与视觉对象的真实不一致的现象叫做视错觉(如图7-19、图7-20所示)。视错觉可以由强光刺激、生活经验、参照对象等因素造成。

环境和产品设计中常有视错觉的应用。例如,法国国旗红、白、蓝三个色块的宽度比为35∶33∶37,而人感觉这三个色块的面积相等。这是因为红色、白色相对于蓝色给人以扩张的感觉,而蓝色相对于红色、白色有收缩的感觉,所以要特意调整这三块色块的宽度比,

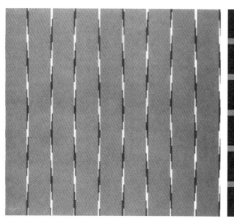

●图7-19 曲线视错觉：竖线似乎是弯曲
的，但其实它们是笔直而相互平行的

●图7-20 网格视错觉：当你的眼睛环顾
图像时，连接处的圆片会一闪一闪

使之符合人对"相等"的视觉感受。巴特农庙（Pathenon）中央微隆的台阶、四周列柱的侧脚以及暗间收窄、明间略宽的处理，部分原因也是基于视错觉的考虑。

7.2.2 商业照明设计的艺术性表达手法

（1）分层次照明

分层次设计原则能让人更好地理解照明设计，并实现照明所需要的整体性和美学效果。

① 环境光层次　环境照明的任务是为室内空间提供整体照明，它不针对特定的目标，而是提供空间中的光线，使人能在空间中活动，满足基本的视觉识别要求。对于商业展示空间来说，为强调展示空间本身的设计风格与特色，其环境照明一般采用隐蔽式的灯槽或镶嵌灯具；而荧光灯尤其是紧凑型荧光灯也因其较高的光效和几近完美的显色性能成为首选。有些展示空间，如首饰展示空间为获得一种戏剧性效果，则有意加大环境光照与重点照明的对比度，以此来强调商品、营造氛围。

② 重点照明层次　顾名思义，重点照明是起强调、突出作用的，其主要目的是照亮物品和展示物，如艺术品、装饰细部、商品展示和标识等。多数情况下，它具有可调性，轨道灯可能是其最常见的形式——具有可调性的照明能适应不断变化的展示要求，比如说展品空间位置上的变化、装饰的变化等。另外，洗墙灯、聚光灯等也是常用的重点照明灯具。

③ 作业照明层次　这是为了满足空间场所的视觉作业要求而作的照明，因环境场所、工

作性质的不同而对灯具和照度水平有不同的要求，如专业画室要求照度水平较高而柔和，不能产生眩光，对灯具的显色性能也有较高的要求；而停车场、仓库库房等场所，则对照明的光色要求均不高。其间基本的原则是在满足作业要求的前提下，尽可能减少能耗。就商业展示空间来说，其作业照明主要是考虑商品货物的存储、清洁工作、销售结算收款等作业的顺利进行。在很多此类空间的设计中，经常是在接待台的上方设置造型特点鲜明的吊灯，既便于作业，又配合了展示空间的特点，同时也对顾客起到了一定的导引作用。

④ 装饰照明层次　装饰照明，是以吸引视线和炫耀风格或财富为目的的，主要意图就是为空间提供装饰，并在室内设计和为环境赋予主题等方面扮演重要角色。关于商业展示空间的装饰照明，主要体现在以下几个方面：一是灯具本身的空间造型及其照明方式；二是灯光本身的色彩及光影变化所产生的装饰效果；三是灯光与空间和材质表面配合所产生的装饰效果；再就是一些特殊的、新颖的先进照明技术的应用所带来的与众不同的装饰效果。装饰照明对于表现空间风格与特色举足轻重，是商业展示空间照明设计中需重点考虑的部分。

（2）装饰照明

① 发光体即灯具本身外观造型及其照明方式的装饰性　具有鲜明造型风格的灯具，能有效地强化环境特色：一种是传统的装饰灯具，因为历史的积淀而有了较为明确的寓意和稳定的风格，如水晶吊灯代表了豪华、典雅、端庄的西方风格；而纸质木格纹的落地灯则有着典型的含蓄、宁静、灵性的东方风格。另一种是现代科技产生的装饰灯具，如LEDS（发光二极管）、霓虹灯等，它们体积小，可以制成任何形状，产生任何颜色的光，大大地提高了设计制作的弹性空间和发挥余地，新的经典灯具设计也层出不穷。灯具的发光方式也由传统的手动调节到可以由电脑程序自动指挥，产生色彩、照度等有规律的动态变化、变幻的神奇装饰效果。

② 灯光本身的色彩与光斑、光晕的装饰性　色彩能产生出丰富的装饰效果，使用得当能对人产生积极的心理影响；而灯光在平面上形成的光斑、光晕及其排列组合形成的节奏感、韵律感都具有极强的装饰效果，可以把它们投影在室内空间界面上作一幅"光绘画"。由于灯光本身鲜明夺目、形式新颖，若再加上动态的效果，往往可以构成一个区域的视觉中心，既吸引视线、招徕顾客，也利于商业展示空间的广告宣传。

③ 光影变化、变幻的装饰性　多重光投射加上照度的变化所产生的光影变化可以制作出更为复杂的三维"光雕塑"效果。这可以应用于整个展示空间，也可以针对单个需重点表达的展品。如对展品的轮廓用光进行强化，或是从不同角度投射不同照度的光束以加强立体感等。

除此之外，灯光与空间和材质表面配合，一些高新照明技术的应用都可以产生出意想不到的神奇效果，关键是这些装饰手法的运用都需要考虑到商业展示空间的整体性，它们应该服从和服务于需要表达的整体风格与商品品牌形象，表达出一种整体感；同时，应用分层照明的原则，让空间呈现出丰富的层次感。在此基础上，再追求细节的完美。

案例

深圳热点创意精品酒店**光环境设计**

设计师认为，光氛围的营造应该是有思想的，只有使用功能、设计哲学和装饰美感三者结合，才能产生优秀的作品。

设计师结合用光区域的功能性和空间环境的艺术性，来选择灯具的材质、色彩、造型，并精心调节光照的亮度。通过光域网形成的明暗变化和色温差异，营造出合适的光影氛围，或温馨宁静，或幽深神秘，或奢贵华丽，或轻松趣味，与相对应光照区位的家具陈设和饰品摆设相映衬，又是一个景观小品，又有一个故事含义，如图7-21所示。

●图7-21 深圳热点创意精品酒店光环境设计

7.3 声环境设计

现代商业空间声环境的设计营造也不可忽视。合适高雅的声环境可以使人得到轻松、愉悦的心情，嘈杂无序的声环境会让人烦躁并容易疲劳，失去对商品的信任度。现代商业展示空间的声环境主要是指建筑空间的建筑声学设计、人工环境的电声设计，再延伸一下的话，店员的服务用语、交流语言的声强、声调、声情也可以说是一种声服务环境的营造。得体和美的服务声音带给顾客的是一种企业文化、职业气质和社会人文的无限关怀。

商业建筑声学设计的基本要求是符合民用商店建筑的设计规范，减少或避免室内的回声。卖场中的柱网、柜台、商品、天花造型、门楣造型，包括营业员和顾客都是反射声音并吸纳声音的物体材料。现代商业空间声环境的重大课题是噪声的控制。噪声的来源主要有临街交通车辆的噪声、室内设备（如空调机、扶梯）的噪声、店内电影院以及人流的声音。在大卖场式的百货商店或者节庆日搞促销活动时客流陡然增大，会增大噪声级。正常营业中也会产生较强声响的场所，如影音设备展示区等，宜与其他业态合理分隔，减少听觉干扰。通常采取控制好声源、做好隔音墙、改善设备、采用吸声处理材科、摆放绿植等手法来降低噪声。

人工环境的电声设计就是指商业空间内的广播系统设计。广播系统的作用有播放背景音乐、重要事件通知、广告营销、广播找人、紧急报警。用得最多的是播放背景音乐和广告营销。电声设计应保证广播的音质没有缺陷和干扰，同时应具有合适的响度，声能分布要均匀，混响时间要适当，要有一定的清晰度和丰满度。背景音乐的题材乐章一定要精心地挑选，要和商业空间的定位、环境特点、商品文化、时令节日、受众审美、主题活动相吻合，才会使环境锦上添花。另外，要注意控制好播放的音量和音色，最佳效果是让人注意的时候能够听到听清，不注意听的时候脑子里都是商品。购物中心应设置消防紧急广播系统供发生火灾等紧急情况时指挥人群疏散。商业空间设置的背景音乐广播系统应与消防报警系统联动，当发生火灾时能够强制切换或关闭此系统。

案例

上海交响乐团音乐厅

项目位于上海衡山复兴历史风貌保护区（图7-22），"尊重"和"融合"是本方案的两个关键词。为了使本工程达到世界一流的音响水准，采用了"套中套"结构形式和隔而固避振弹簧来降低地铁10号线对排演厅的噪声干扰。排演厅采用混凝土双层墙、顶、底板结构形成独立密闭的空间，以隔绝所有空气传声；两个排演厅与建筑其他部位完全断开，以隔绝任何固体传声的可能；在两个排演厅下方的结构大底板上设置隔而固避振弹簧承托两个排演厅结构，以彻底隔绝来自地铁10号线的振动影响。

● 图7-22　上海交响乐团音乐厅

7.4　温环境设计

现代商业空间通过通风系统、空调系统、供热系统，保持购物中心正常营运的室内温度、湿度和气流速度，把室内被污染的空气直接或经过净化后排出室外，把新鲜的空气补进来，从而保持较好的室内环境，保证顾客和员工的身心健康。

现代商业空间暖通设计的系统有：通风系统设计、空调系统设计、供热系统设计。应根据不同业态的功能需求建造一个舒适、安全、节能的购物环境。系统设计应符合商业中心业态众多、经营者不同、空间不同、营业时间不同，冷热负荷需求不同，收费标准不同的特点和需求，处理好冬季同一楼层内区过热、不同楼层温度梯度大、夏季采光天棚（含采光幕墙）的热辐射、首层大门入口能耗高、屋面设备对周边环境的影响等问题，并要有足够的新风量来保证顾客和员工的舒适度，同时还要预留业态变化及未来发展需要的空间。

案例

大巴黎都市垂直农场

　　垂直农场的设计旨在创造适宜种植农作物的空间并为这些植物提供最大化的阳光照射，如图7-23～图7-25所示。建筑中间的井口不仅促进了光散布，还提高了建筑的热交换能力，如图7-26所示。与此同时，方便了都市园丁转运材料的需求。该方案希望在传统商品蔬菜栽培和技术创新之间搭建一个动态的接合点，为向当地居民提供新鲜食物提供一个机会，并努力重建城市与乡村，天空与地面的联系，如图7-27所示。

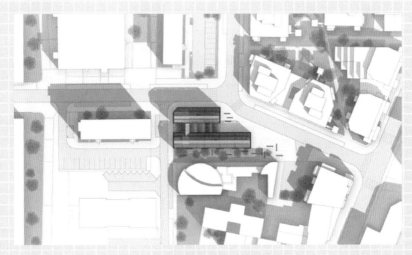

● 图7-23　总平面图

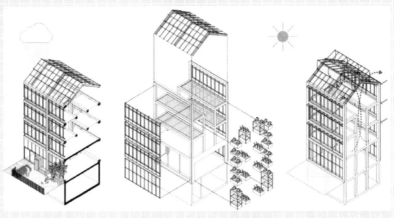

● 图7-24　建筑和技术示意图

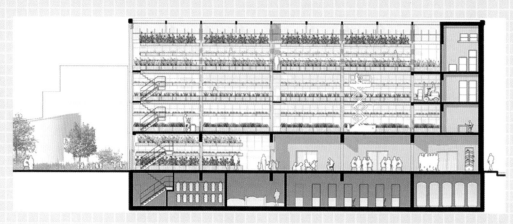

● 图7-25 剖面图

● 图7-26 建筑的井口不仅促进了光分布，还提高了建筑的热交换能力 ● 图7-27 井口内景

7.5 味环境设计

味环境在商业环境设计和日常环境使用中是不可回避的话题。营造好了味环境，也是商家经营的一个绝招，大大增加收益。首先，环境工程中的空调系统是提供室内空气循环的设备设施。如何保证室内空气的质量，这就是味环境设计的内容之一。空气的含氧量、湿度、

温度都会对人的味觉产生影响。有个商场曾从风管里清出两吨的污垢，没有清除之前的味环境可想而知了。保养好设备，利用好设备，会事半功倍。第二，要使用环保无味的建筑材料、装饰材料，以保障空气的安全无害、优质清新。第三，卫生间是营造优质味环境的重点空间，保洁工作十分重要。第四，绿植与花卉的摆放，可以通过人的视觉作用来调节人的味觉，从而营造优雅舒适的味环境。

案例

HI-POP 茶饮概念店

设计的概念来源于儿童时用吸管喝汽水的那种爆发感觉，充满甜味，充满气体的液体瞬间进入口中，经过食道到达深处，然后打一声"嗝"，这爽快感觉是小时候最大的满足。

店内空间为一个长方形规整空间，主要运用了黄色与黑色两种盒子空间体块space block 的联系构造，天花用吸管元素装置由门口一直延伸进室内最深处，就像饮汽水时充满味道与口感的爆发一样，直入空间深处（图7-28）。

● 图7-28　HI-POP茶饮概念店

08

商业环境
标识系统设计

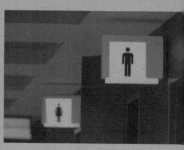

环境标识系统设计（EGD）是商业建筑设计中的重要一环。商业建筑由于本身承载着大量的产品信息，同时又肩负着向外推广品牌的广告责任，对于信息的梳理和有效释放具有很高的要求。人们在购物的过程中面对着大量信息的冲击，容易失去方向而产生疲劳、迷茫之感。环境标识系统设计便是一个帮助购物者有效获取商场环境信息的直接工具和手段。环境标识系统设计以早期的平面设计为基础，如今已实现从平面到立体的拓展，空间设计已成为趋势。商业环境的系统标识设计强调的是为人们提供一种现实空间的"体验"，使传统的平面设计依存于整体环境中，成为环境中的一部分，并与环境产生对话。

商业建筑中的标识设计具有四个基本功能，分别为：标志设计（Identity）、导向系统（Refining）、商业广告（Advertising）、强化建筑（Emphasizing）。

8.1　商场或店铺名称设计

强调个性化与特色，必须让人对品牌有比较强的识别和记忆。招牌（LOGO）的放置位置、大小、与立面的结合等因素也必须通盘考虑，如图8-1所示。

●图8-1　印度Heritage男装精品专卖店

8.2 商场品牌宣传设计

商场有义务对内部的品牌进行宣传，如一些设置在商业入口广场室外环境中的品牌墙，以及建筑外立面上的各个品牌广告位设计、商场各类宣传册等，如图8-2所示。

●图8-2 朝外SOHO

8.3 楼层平面布局图

在商业建筑中，常在商场内出入口、手扶梯口、客梯厅处设置商业各楼层平面图。楼层平面图详细标注了不同楼层的主要功能和分区以及各个商业品牌，以方便顾客到达，如图8-3所示。

● 图8-3　印度FORUM MALL购物中心

8.4　电梯、卫生间、吸烟区等重点区位的引导标识

　　这类标识牌的数量、位置、大小设计非常重要。在商场中常见的从顶棚自上而下地悬挂且与人们的移动路线正对的各种标识，清晰地引导人们到达各个服务和休息区域，如图8-4所示。

● 图8-4　捷克Nova Karolina购物中心

8.5　各品牌店门头灯箱的设计

　　商场内的店面设计应有统一的规划。例如，确保各店铺的招牌在一个位置和高度上，并有相等的尺寸，以保证商场内整体风貌的和谐。同时，商场的室内规划也应为每个商家进行二次装修提供一定的空间，使各店面在统一中求得变化和个性，如图8-5所示。

●图8-5　伦敦Asprey 2015圣诞橱窗

8.6　咨询、投诉服务台的引导标识

咨询服务台的位置设计和标识引导也很重要，它体现出商场服务的人性化程度。标识引导应比较明显，便于人们寻找，同时设计风格也要与商场整体风格一致，如图8-6所示。

导向标识的大小、位置和高度必须符合人正常的心理和生理需求。一般在人仰视的情况下，当视线与水平线成10°夹角时，感觉最舒适。在人最舒适的视觉角度下，假设使用者前方有遮挡物（行人或其他物体），导向标识的高度应设为离地面2.5m，这样使用者可看到的导向标识范围最大。

对于近距离观看的导向标识系统，日本建筑协会的相关机构通过研究发现：使用者在正常视野70°范围内，距离导向标识牌1m的前提下，导向标识牌的中心点距离地面1.35m（对于坐轮椅者为0.99m）时，使用者所能看到导向标识牌的范围最大。

标识牌的上下左右设置都要在使用者的视觉角度内，最大不超过90°。在设定高度、面积和倾斜度时，无论水平方向还是垂直方向，都要尽量避免和阅读者的视觉角度形成小于45°的情况。

●图8-6　Galeria Katowicka购物中心

环境标识并不限于实用方面的用途，如指向、定位、说明等，它还有助于改善空间环境，引发情感，强化对于地域的集体记忆等。环境标识设计作为整个商业建筑设计的一部分，应起到烘托、呼应建筑和环境氛围，体现建筑设计理念的作用。Emery Studio为北京"尚都"设计的标识（图8-7）便体现了建筑设计的原则。线条勾勒的字母及突出的体量、强调断裂的做法与建筑设计风格融为一体。在该项目中，Emery Studio的设计范围包括各种公共服务信息、品牌标识和零售形象装饰等。

●图8-7　Emery Studio为北京"尚都"设计的标识

案例

新奥尔良君悦酒店标识系统设计

标识上品的精髓在于它的简易性，而新奥尔良君悦酒店所设计的标识系统无疑展现了这点（图8-8）。这个系统包括新的导向牌，电子信息亭，大型标牌，及走廊上的突出挂牌。它采用鲜艳的色彩，但尽量避免令人分心的方式，巧妙地引导住客来往于各个重要空间。明确标示的平面图更协助客人自我定位，进而能计划如何去要去的地方。

●图8-8　新奥尔良君悦酒店标识系统设计

09

商业空间设计中的材料应用

材料的选择是商业空间设计中一项重要的工作。材料的种类繁多，不同的材料有不同的质感、不同的视觉效果、不同的色彩。在商业空间的装修中，设计师应根据内部空间的使用性质，选择相应的材料，充分利用材料固有质感的视觉效果，创造优雅的空间氛围。

9.1 材料的材质分类

材料可以根据它的性能进行分类：木材、石材、金属、玻璃、陶瓷、涂料、织物、墙纸和墙布等。

9.1.1 木材

木材在商业空间的装修工程中一般有两种用法。

① 用于隐蔽工程和承重工程，如房屋的梁，吊顶用的木龙骨、地板龙骨等。常见树种有松木、杉木等。

② 用于室内工程及家具制造的主要饰面材料。常见树种有胡桃木、柚木、樱桃木、榉木、影木、枫木等。

案例

波哥大 El Fabuloso 酒吧

El Fabuloso酒吧（图9-1）坐落于哥伦比亚首都波哥大最繁华的街道上一栋建筑的楼顶，是当地屈指可数的极具特色的酒吧之一。

●图9-1 波哥大El Fabuloso酒吧

设计理念来源于为人们提供一个在七楼进行野餐聚会的宽敞地方，大家聚到一起欣赏日出、日落。整个酒吧的外观很像一个大木头篮子，当客人穿过时可以探索出不同的氛围。酒吧拥有许多类似于观景台的露台，可以欣赏到城市中不同的景色。全木质结构非常稀有，天花板是由木头制作而成；整间酒吧的材料都是经过现代手法处理过的乡村风格的材料，既非常质朴，又融合了许多现代元素。

9.1.2 竹材

竹子是房屋建造和其他结构最古老的建筑材料之一。作为品质优良的建筑材料，竹子比较便宜，且容易加工，可以在许多产竹国得到。

（1）竹子用于高级建筑中的轴承材料

将空心茎制作为方形的材料有很多方法。其中，最可行的方法就是将竹子制作成竹片。宽直径并且厚竹壁的竹子是最常被使用的。

（2）竹建筑的建造使用的支架，混凝土模板

以竹为基础的支架在风中的抗弯性能比其他钢铁架都强。但是，因为以竹为基础的支架的空间变异性很大，其装配和拆卸与钢铁架比起来太不方便；竹楼造价便宜，容易处理。然而，由于竹子的空间变异性，竹楼仅仅适合简单和低级房屋建筑。

（3）竹子用于天花板和墙壁材料

在建筑中，其可以运用于许多方面，如天花板、房顶板和各种轻海板、卷帘门和装饰板等。与常见的竹制花板相比，复合材料具有更好的耐水性能、耐久性能和空间稳定性，而且没有采用甲醛树脂。

案例
全域旅游中心 浮标国际垂钓园

临湘市地处洞庭湖北部，相传东吴名将黄盖曾在云梦泽太平湖（也就是今天的黄盖湖）上"折苇作标"，因此，设计师依托当地的资源禀赋和历史传统，于细节中大量运用当地竹材，实现将竹艺产业、浮标产业同文化旅游产业无缝嫁接。

建筑造型来源于春笋形象，远距离观之似雨后春笋破土而出（图9-2）。塔的

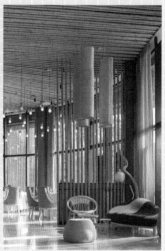

●图9-2 建筑造型的用材　　●图9-3 设计师将室外的竹元　　●图9-4 竹材构成的天花板
素以巧妙手法引入室内设计中　　和屏障

顶端设有照明设备，外观穿插玻璃元素，刻画出一层层剥开的笋衣，亮起的灯光就好像竹笋外衣的轮廓线，将整个竹笋的轮廓完整地勾勒出来。其余外部材料均采用竹元素呈现，底部采用暖色调的自然山石，营造一种竹笋生长于泥土之中、雨后破土而出之景象，与周围绿荫环绕，相映成趣。

对于室内设计，设计师将室外的竹元素以巧妙手法引入其中（图9-3），团队模仿竹子的自然生长之态，并采用了伞形的骨架作为展厅中两根极有冲击力的支点，从而形成一种散发性的天花，而实际上整个建筑是由钢结构构成。楼梯环绕着伞形的骨架盘旋上升，形成流动的韵律感。

设计师将竹材的应用贯穿整个空间的设计，阳光穿透玻璃屋顶，穿插过竹子屏障的间隙，斑驳光影交织于地板上。光与影、明与暗的节奏和韵律营造出空间的戏剧性（图9-4）。

9.1.3 石材

石材类材料分为两大部分：天然石材与人造石材。

天然石材分为花岗岩和大理石两大类。市场上常见纹理丰富、色彩多样的天然石材多为大理石。大理石由于其质地较软（相比于花岗岩），所以在商业空间设计中一般用于室内地面和墙面。花岗岩的外表多以颗粒状出现，质坚，多用于建筑装饰或室内地面。商业空间室内的石材选择多以大理石为主，除价格比花岗岩便宜外，其组织细密、可磨光、品种繁多、有更多的花样、色泽选择空间大等特点是受消费者及室内设计师喜爱的重要因素。

人造石材可分纯亚克力、复合亚克力及聚酯板。同天然石材相比，人造石材更环保、无毒、无辐射。人造石可塑性强，可加热弯曲成型，更能满足设计师天马行空的创意理念。颜色丰富多彩，可满足商业空间各种不同的设计要求。

人造石材一般用于厨房台面、窗台板、服务台、酒吧吧台、楼梯扶手、墙身、圆柱、方柱等，但极少用于地面。

案例
奥斯陆 Mardou & Dean Loft 风格的服装专卖店

Mardou & Dean 新的时装店坐落在一个19世纪曾经用于造船的工厂一楼，内部装修也由 Mardou & Dean 的创始人设计。这家时装店的背景墙高耸而轻盈，可以说像审美的标签，新奇而富有刺激感。同时，又将咖啡厅、休息区、展示区和冬季花园相合并。前部的色调是由棕褐色的大理石、闪亮的黄铜和钢材构成，而最后面是一个被放在商店一侧的马赛克墙架。背景是由裸露的红色砖块构成，同时装有成对的用来悬挂衣架的铜管和老式灯笼，如图9-5所示。

●图9-5 奥斯陆Mardou & Dean Loft风格的服装专卖店

203

9.1.4 金属

金属材料分结构承重材料与饰面材料两大类，主要有钢、不锈钢、铝、铜、铁等。钢、不锈钢及铝材具有现代感，而铜较华丽，铁则古朴厚重。

不锈钢在商业空间室内装修中的应用非常广泛，不锈钢系钢材中加入镍，不易生锈，其耐腐蚀性强，表面光洁度高。不锈钢分镜面不锈钢、雾面板、拉丝面板、腐蚀雕刻板等。

铝材可制成平板波形板或压型板，也可压制成各种断面的异型材。表面光平，光泽细腻，多用于门窗框。

铜材在装修中的历史悠久，应用广泛。多被制作成铜装饰件、铜浮雕、门框、铜条、铜栏杆及五金配件等。

案例

布里斯班乔治大街 300 号 **商业建筑外立面**

● 图9-6　2500块3D压制铝板构成的墙面

图9-6所示为澳大利亚艺术家Alexander Knox为布里斯班乔治大街300号的商业建筑设计的外立面装置。

整块墙面由超过2500块3D压制铝板构成，总面积达到2660m²。该作品借助几何形状与有机形状探索了闪烁的光线在水面上产生的效果。其三维的金属表面形态模拟了光在水面上的运动属性，以此来为布里斯班高度城市化的中央商务区注入自然之力。

9.1.5 玻璃

玻璃在商业空间中的应用非常广泛，从外墙窗户或外墙装饰到室内屏风、门、隔断、墙体装饰等都会使用到。玻璃主要分为平板玻璃和特种玻璃。

平板玻璃即为我们市场上常见的玻璃，它的厚度主要为3 ～ 12mm。其中5 ～ 6mm的玻璃，主要用于外墙窗户、门等小面积透光造型中。7 ～ 9mm的玻璃，主要用于室内屏风等较大面积但又有框架保护的造型之中。11 ～ 12mm的玻璃，可用于地弹簧玻璃门和一些隔断之中。

特种玻璃可分为钢化玻璃、磨砂玻璃、压花玻璃、夹丝玻璃、中空玻璃、夹层玻璃、防弹玻璃、热弯玻璃、玻璃砖等。

案例

John Lewis 商场影院综合体

John Lewis商场影院综合体的商场设计在满足城市购物需求的同时，为商业销售提供其所需的灵活性，如图9-7所示。商场外立面采用双层玻璃，样式设计使其像一个网眼窗帘，从而控制商场内部与城市景观之间的可视度，在引入街景和自然光照的同时，也能保证商场平面的灵活变动。因此，无需考虑建筑外形，便可实现商场内部空间的自由重组。

立面使用四种透光度的玻璃板，从而创造不同的透光效果。建筑立面边界处均采用无缝对接处理，看上去就像一层薄纱。双层玻璃幕墙使用镜面材料，周围环境能在其立面上成像，并随太阳照射角度的改变产生变化，建筑得以进一步融入周围的肌理。站在商场一层向外眺望，透出双层玻璃立面，视线毫无遮挡；但从街区观望商场内部，模糊的视觉感受创造了一种波纹效果，在降低可视性和增加视觉复杂性的同时，最大限度地保证了内部空间的私密。

●图9-7　John Lewis商场影院综合体

9.1.6 混凝土

混凝土，简称为"砼"，是指由胶凝材料将集料胶结成整体的工程复合材料的统称。通常讲的混凝土一词是指用水泥作胶凝材料，砂、石作集料，与水（可含外加剂和掺合料）按一定比例配合，经搅拌而得的水泥混凝土，也称普通混凝土，它广泛应用于土木工程。

人们想用浇筑时柔软的黏稠液体复制石材的美观和持久，混凝土就是这种想法的产物。它被认为是第一种人造混合材料，并由于应用极为广泛，在建筑建造史上起着关键作用。混凝土展示出"简单"的特性——尽管其成分复杂且很难达到完美的程度，但它是一种足够简单的材料，可以大规模生产，并且被广泛使用。现在混凝土的应用十分广泛，一年消耗量达50亿立方米，已成为世界上消耗量仅次于水的第二大物质。

案例

阿利亚皇后国际机场

考虑到安曼地区昼夜温差极大的气候条件，阿利亚皇后国际机场建筑大部分采用混凝土材料。混凝土具有很强的蓄热能力，可以起到被动的环境控制作用。棋盘拼花图案的天篷由一系列弧度较小的混凝土穹顶组成。穹顶向外延伸，将立面遮挡起来，每个穹顶就是一个施工模块。穹顶从支撑柱开始向外伸展，形态类似沙漠棕榈树的叶子。日光从柱连接的组合梁处进入其下的广场。为了与叶脉的形象相呼应，每个裸露的拱腹都采用了以传统伊斯兰形式为基础的几何图案（图9-8）。

●图9-8　阿利亚皇后国际机场

9.1.7 瓷砖

目前市面上的瓷砖品种琳琅满目，多得让人眼花缭乱。瓷砖按照其制作工艺及特色可分为釉面砖、通体砖、抛光砖、玻化砖及马赛克。

案例

阿姆斯特丹中央火车站隧道

隧道里除了乞丐、卖艺、地摊，还可以有艺术……

这"家"位于阿姆斯特丹中央火车站的隧道——Cuyperspassage（图9-9）每天来往约1.5万人，然而政府并没有在这里卖广告，而是委托Benthem Crouwel Architects建筑设计公司将其设计成了一条艺术长廊。

隧道长110m，分人行道与自行车道两部分，为了区别及安全，两部分一黑一白，行人一侧的地面较另一侧高起。然而这些都并非重点，重点在于行人一侧由8万块瓷砖耗时5年拼接成的巨幅壁画。壁画原作者Cornelis Boumeester以瓷砖画创作见长，隧道壁画便是选自其一副珍藏于阿姆斯特丹国家博物馆的作品，画面描绘了波涛中翻滚的战船，画面极其壮美。

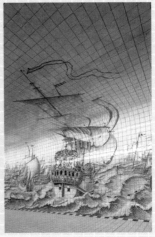

● 图9-9　阿姆斯特丹中央火车站隧道

●图9-10　地中海风情的罗马尼亚La samuelle餐厅

9.1.8 墙纸墙布

墙纸（布）是室内装修中使用较为广泛的墙面、天花板面装饰材料，其图案变化多，色泽丰富，通过印花、压花、发泡可以仿制许多传统材料的外观，墙纸墙布除了美观外，也有耐用、易洁洗、寿命长、施工方便等特点，尤其图案、色彩的丰富性是其他任何墙面装饰材料所不能比的，如图9-10所示。

9.1.9 涂料

涂料是一种含有颜料或不含颜料的化工产品，将它涂在物体表面起装饰、防护功能。涂料包含了油漆，它可以分为水性漆和油性漆。随着石油化学工业的发展，化工产品层出不穷，使用场合也越来越广。涂料按其成分，分为乳胶漆、调和漆、防锈漆、磁漆、洁漆、银粉漆等。

如图9-11所示，台北花卉批发市场暨台湾国际花卉贸易中心鲜切花市场的建筑将花朵的颜色应用到立面的百叶系统中。五彩的立面面板使项目从工业化文脉中脱颖而出。

●图9-11　台北花卉批发市场暨台湾国际花卉贸易中心鲜切花市场

9.2　材料的应用原则

（1）性能与功能统一原则

材料由于不同的特点，使用的位置也是大不相同。装饰夹板虽然拥有不同的花色与纹理，能营造很好的效果，却不能用在地面或潮湿的卫生间；而机房必须使用防静电木地板；舞厅等在设计中必须考虑回声、混响等因素，要使用吸声材料；高回声的材料如玻璃、铝塑板石材等不能大范围使用；普通纸面石膏板由于其强度低、抗潮湿能力差而不能应用在卫生间，一般使用铝扣板等。

（2）材料的肌理、色彩协调性原则

设计时必须从整体考虑，使材料的肌理、色彩统一协调。

充分发挥材料的质感，利用材料之间的色彩搭配也是设计师的基本功之一。如酒店大堂需要追求热烈而整洁的效果，如果应用毛石等材料，则整体感觉会接近个性酒吧，所以酒店大堂一般使用浅色的大理石来装饰。

9.3　材料的应用分类

9.3.1 构造材料

主要指在室内设计中用以分隔空间、构成主要空间层面的材料。如作为分隔空间的墙体材料、隔断的骨架、木地板下的基层格栅、天花吊顶的承载材料（如轻钢骨龙）等。这一类材料可能在施工结束后都被其他材料覆盖或掩饰，但它在室内设计中起到了非常重要的构造作用。因此这一类材料的强度、硬度、施工方式等就成为选择材料的主要因素。

案例

希腊的 c_29 / optimist 眼镜店

由雅典314 architecture工作室设计的c_29 / optimist眼镜店，大小约90m²。该建筑位于希腊哈尔基斯的中心处，空间宽敞明亮、沿着中央市场延伸，后方的庭院 / 天井是整个建筑的核心。建筑本身就是一个复合式的结构，一层由承重砌块建

造，另外两层由钢筋混凝土和填充砌砖构成。

庭院空间由一个虚构的立方体分隔出来（图9-12）。

镜子是设计中所使用的连接元素之一（图9-13）。

● 图9-12　夜晚的天井空间　　● 图9-13　镜子是设计中所使用的连接元素之一

9.3.2 装饰材料

这一类材料主要是用来修饰室内环境的各个部位。因此，除了它们应用于各个不同的部位外，设计师主要是依照以下几方面选择装饰材料。

（1）材料的质地

指材料表面的粗糙程度或肌理，不同的质地会产生不同的装饰效果。

（2）材料的光泽

指材料表面反射光线的属性，通常把有光泽的装饰材料称为光面，光泽特别强的称为"镜面"材料，如大理石、花岗岩等石材以及不锈钢板材等；把表面无光泽的称为"无光"或"亚光"，如各种釉面砖、油漆涂饰过的木材等。

（3）材料的纹理与花饰

许多装饰材料是以表面的纹理和花饰来体现其本身的特点的，如具有木纹的木材、人造的木材贴面、石材、印花的釉面砖、各种纺织品面料等。

一般来说，建筑师并不愿意利用装修材料来掩饰建筑本身，而重视显示出材料的本身质地。所以从室内设计的角度来看，选择材料也应当充分发挥材料自身的特点，而不是去掩饰它，如木材优美的纹理应当用清漆类的涂料来涂饰，而避免用不透明的涂料来掩盖。但在大部分情况下，建筑本身的功能发生变化或有明显缺陷时，室内设计应当通过选用合适的表面装饰材料来修饰、改善室内环境，或用来营造室内环境的艺术气氛。

案例

苏州钟书阁

书店早已不再是于零售图书的功能场所，它具有强大的精神作用。在繁忙的都市，人们的生活节奏都很快中，它给一座城市的人们提供了一个精神的圣殿。在苏州的钟书阁则为读者精心设计了一次新桃花源之旅。

● 图9-14　水晶圣殿——新书展示区

入口是一个水晶圣殿。这里是新书展示区，当季的新书放置在专门设计的透明亚克力搁板上，一本本图书仿若飘浮在空气中，在纯粹的玻璃砖灯光墙的映衬下，散发着纯净、神圣的光辉（图9-14）。这里除书之外，再无余物，读者被吸引、不知不觉地被引导而入，徜徉在知识的桃花林中，开始美妙的阅读之旅。

● 图9-15　推荐书阅读区

推荐书阅读区（图9-15）采用对偶的手法，使幽黑的山洞和洁白的水晶圣殿形成了二元反差，就仿佛阅读时候的状态：有时喜悦、有时沮丧；有时安详、有时迷茫。山洞并非完全漆黑，光导纤维的星光犹如萤火般在周围闪烁，激励着读者继续探索和前行。

● 图9-16　主要的图书空间有花瓣图案的穿孔铝板形成的彩虹

主要的图书空间中，带有花瓣图案的穿孔铝板形成了薄纱般轻盈剔透的彩虹（图9-16），流动在原本方正的空间中，用曲线自然地划分出艺术设计、进口原版等细分图书区。在这一道彩虹的映照之下，四周都仿佛安静了，为读者提供一个安静、温暖的读书环境。

9.3.3 技术材料

● 图9-17　LEKA食餐厅木制假天花板

这一类材料在室内设计中对装饰的表面效果不一定有直接的关系，但与室内环境的整体质量，尤其是舒适程度等物理指标有很大的关系，它们在改善室内的光环境、声学环境和创造宜人的温度、湿度等方面有直接的作用。选择相应的技术功能材料是室内技术设计中针对局部的物理缺陷而采取的对策。选择材料的依据是相关的物理指标。

（1）光学材料

主要用于室内的采光和照明方面。大致可分透光性材料和不透光材料两大类。透光性材料又有整透射、半透射和散射三类；不透光性材料亦有反射材料和半反射材料、漫射材料三类。利用透光材料，可以起到保护光源、导入光线或改变光源性质的作用。例如，在展览性的室内空间，利用磨砂玻璃、乳白玻璃或光学格栅，使光源的光线漫射到陈列物品之上，使光线的能量均匀分布在较大的空间区域中，从而降低局部过高的亮度，以减弱眩光甚至消除眩光。光学材料的有关物理指标是：反射、透射、反射扩散和透射扩散等系数。

（2）声学材料

主要用于改善室内的声学质量。这类材料有吸声材料、反射材料和隔声材料。吸声材料能够吸收有害的声能，它的物理指标是吸声系数，系数越大，材料吸收声能的性能越强。实际运用中的吸声材料大都是一些轻质多孔材料。吸声系数小的材料，具有较强的反射声音的能力，为反射材料。

反射材料可以充当反射面和扩散体的面层材料，实际运用中大多采用表面光滑的硬质材料。在室内环境设计中，需要加以隔绝的声音分为固体声和空气声。材料的容量越大，隔绝空气声的能力越强；材料的弹性模量越大，隔绝固体声的能力越强。声音的能力，即为反射材料。反射材料可以充当反射面和扩散体的面层材料，实际运用中大多采用表面光滑的硬质材料。

如图9-17所示，LEKA食餐厅中的木制假天花板的灵感来自折纸，并结合其亮度和刚度进行设计。这种结构可消除回声。天花板悬挂在有吸声岩棉的基础之上，并压在3.5mm薄桦木板下。该系统作为一个三维拼图，易于组装。

（3）热工材料

保温隔热材料是主要的热工材料，它们热导率应在规定数值以下，并且有一定的可加工性。衡量材料热工性能的物理指标分别是热导率、蓄热系数、比热容和容重。主要的指标是热导率。这类材料主要用在室内装修的墙体、天花等地方，作为阻断热源、保温的材料。实际运用中常常采用发泡类的塑料及其他中空的材料。

案例

瑞士阿劳公交站台雨棚

如图9-18所示，该公交车站屋顶是世界上最大的单腔膜气垫结构。雨棚中央采用了露天的通透设计，与雨棚周围的膜结构设计形成视觉对比，既给人一种通达之感，同时也可以享受到在帐篷内的朦胧感。路下方四个120m长的聚乙烯管供应充气气垫，并提供可循环的清洁、干燥的空气，另有四根管子将空气置回风控制单元中。根据天气，通过300～850Pa传感器，控制气势内空气压力，使其高于外面空气压力。整个系统支持风系统、管道和膜垫。

●图9-18　瑞士阿劳公交站台雨棚设计

10

商业步行街设计

商业街又称街区式商业，在空间形态上与集中式商业相对应，物理属性上呈现低开发强度、空放且具良好亲地性的特征。商业街由许多商店、餐饮店、服务店共同组成，按一定结构比例规律设计的商业繁华街道，是一种多功能、多业种、多业态的商业集合体。现代商业街一般呈线性带状且总长在200m以上，各种专业商铺在30家以上。

商业街通常以入口至出口为中轴，沿街两侧对称布局，建筑立面多为塔楼、骑楼的形式。街业态既有集中和分散等经营模式，也有专业商业街和复合商业街等业态。商业街的尺度应该以消费者的活动为基准，重视消费者的心理感受，而达到一个舒适、亲切又富有新意的空间效果。

10.1 商业街区发展综述

10.1.1 商业街区发展历史

公元前184年，罗马执政官伽图就曾在巴西利卡建造了历史上最早的商业步行街（图10-1）。

● 图10-1 罗马执政官伽图在巴西利卡建造的历史上最早的商业步行街

中世纪与文艺复兴时期，由于贸易的扩展，城市街道成为市民生活的中心，如图10-2所示。

●图10-2　中世纪与文艺复兴时期的城市街道

10.1.2 商业街区的文化内核

商业街区各自特有的文化内核是提高街区商业体验性的重要决定因素，如图10-3所示。

●图10-3　商业街区的文化内核

中国传统的商业步行街区起源于宋代，北宋张择端的《清明上河图》是当时生活场景的写照，从那以后，城市商业街区充斥着各种市民活动，如图10-4所示。

现代步行街系统最早出现在欧洲，1926年，德国的埃森市基于前工业紧凑的城市结构，人口居住密度高，在"林贝克"大街禁止机动车辆通行。1930年将其建为林荫大街，使商业获得成功，成为现代商业步行街的雏形。

●图10-4　北宋张择端的《清明上河图》

　　20世纪60年代初，战后经济增长和机动车的普及造成了旧城中心衰落，商业步行街区成为应对郊区化、复兴老城中心区的主要手段。20个世纪60 ~ 70年代，在美国诞生了200多条商业步行街，这种模式给商店带来了新的繁荣，如波士顿的Market Place（图10-5）。

●图10-5　波士顿的Market Place

　　20世纪90年代至今，经济全球化使城市成为全球经济和本土经济链接的结合点，同时，随着电商的迅速崛起，商业街区更加强化其主题性与体验性，以保持其传统商业形态的生命力。

10.1.3 商业街区的空间组织

（1）商业街区空间组织的三重维度

商业街区空间组织的三重维度如图10-6所示。

（2）空间单元模式

① 独幢型　街区中建筑尺度变化不大，布局相对匀质，尺度单一，没有核心商铺，如图10-7所示。

优点：尺度宜人，契合传统，能营造良好街区体验氛围。

缺点：受建筑单位尺度的限制，对现代商业的某些业态需要不能适应。

●图10-6　商业街区空间组织的三重维度

② 院落型　以院子为建筑空间组织要素构成商业街区，形成一种传统情景消费体验的商业街区，如图10-8所示。

优点：体现历史文化，空间格局丰富且可以扩展，主题体验性好。

缺点：非沿街部分效益不佳且不能满足现代体验经济下多商业业态的需求。

●图10-7　南京1912

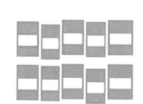

●图10-8　成都宽窄巷子

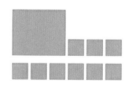

●图10-9　上海新天地

③ 混合型　街区中沿街或者核心处设置大尺度的建筑，成为街区的核心商铺，其余仍保持小尺度建筑肌理，如图10-9所示。

优点：丰富空间格局，满足现代商业业态的需求，提升商业效益。

缺点：大尺度肌理的建筑对整体街区历史文化空间的干扰影响。

10.1.4 商业街区的业态流线

（1）线性型

一条主要的路径贯穿街区，可以是直线形、L形、U形、折线形或者是弧线，街区大多数商铺位于主路径上，主路径集中主要消费者。

支路径之间相对独立，从主路径进入一个支路径后，需回到原主路径上才能进到下一节点或者其他支路径上（图10-10、图10-11）。

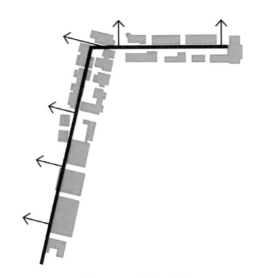

●图10-10　南京1912

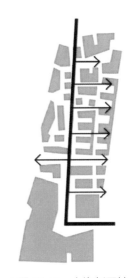

●图10-11　上海新天地

① 优点

a.整体空间格局清楚，秩序清晰，对消费者有较好的游逛方向引导。

b.主动线可达性好，聚客能力强，沿主动线商铺效益高。

c.次动线提升了街区的"厚度"，增加了街区的游逛性。

d.主动线与次动线相交的节点形成广场空间，丰富了街区空间层次。

② 缺点

a.次动线不能无限制延伸，易形成商业尽端。

b.主次动线商铺价值差异较大，整体商业不均衡。

c.主动线是单向的，不利于游逛者的循回游逛。

③ 适用范围　传统街区的商业化改造或小尺度的新旧融合的商业街区，与周边环境有比较好的交叉渗透。

（2）环路型

环路型的动线路径为一单向环线或是回字形、八字形等，有较好的连续性，消费者沿着主动线即可逛完整个街区，且可以环游，街区各方位都可覆盖，增加商业行为发生概率，最大化地实现商业价值。如图10-12所示。

●图10-12　成都宽窄巷子

10.1.5 商业街区外部空间模式类别

（1）广场型

广场型如图10-13所示。

要素：主广场+景观。

特点：与街区规模匹配，景观可塑造其形象特征。

例：成都太古里、成都宽窄巷子和南京的1912街区（图10-14 ～图10-16）。

●图10-13　广场型

● 图 10-14 成都太古里

● 图 10-15 成都宽窄巷子

（2）门楼型

门楼型如图 10-17 所示。

要素：标志门楼。

特点：凸显街区特有历史文化。

内核：强化文化吸引力。

例：成都宽窄巷子、上海田子坊和上海新天地（图 10-18 ～图 10-20）。

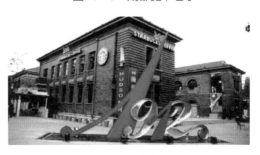

● 图 10-16 南京 1912

● 图 10-17 门楼型

● 图 10-18 成都宽窄巷子

● 图 10-19 上海田子坊

● 图 10-20 上海新天地

（3）道路型

道路型如图10-21所示。

要素：入口标志物+景观。

特点：多用于城市道路改为步行街区，简单明了。

例：上海南京路步行街、洛杉矶环球影视步行街和洛杉矶第三街等（图10-22 ～ 图10-24）。

●图10-21　道路型

●图10-22　上海南京路步行街

●图10-23　洛杉矶环球影视步行街

●图10-24　洛杉矶第三街

（4）建筑型

建筑型如图10-25所示。

要素：标志建筑+主力店。

特点：标准建筑特点或主力店。

号召力：凸显街区品质特性。

例：北京三里屯、成都太古里、南京1912等（图10-26 ~ 图10-28）。

● 图10-25　建筑型

● 图10-26　北京三里屯

● 图10-27　成都太古里

● 图10-28　南京1912

10.2　商业步行街的设计要点

10.2.1 人性化原则

　　商业步行街具有积极的空间性质，它们作为城市空间的特殊要素，不仅是表现它们的物理形态，而且普遍地被看成是人们公共交往的场所，它的服务对象终究是人。街道的尺度、路面的铺装、小品的设备都应具有人情味。

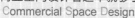

案例

意大利交互式森林——会发光的 IT 树

IT 树（图10-29）是对建筑师 Dario Pompei 作品的一种比喻说法，这个名称是由罗马 La Sapienza 大学教授 Antonino Saggio 在他的学位论文中起草的。该项目展示了如何解决毒物污染危机对维科湖的影响。

IT 树有系统性的运作方式，同时提供了活跃的森林更新、净化和回收功能，而这些途径都依赖 IT 树下的木质通道。

项目是由一个风可以从不同的方向流动的和谐木板通道构成，它强调了内部空间的潜力和多样性的用途。而通道由 OSB 木质面板制成，引导游客穿越由一百多棵合成树组成的交互式森林。当游客穿越时唤起了 IT 树的操作，并且在场的活跃分子能够加强 IT 树的运作。

IT 树的顶部安装有3个超声波近距离传感器，人体的位置能够被检测到，并且通过开源微处理器传达到 LED 照明系统。广场因为 IT 树成为一个显眼的空间，它响应了穿过人群的请求。IT 树于2013年12月6～8日立方体节日期间在 Ronciglione（VT）首次被制作和展示，它被放置在中世纪村 degli Angeli 露天广场上。

●图10-29 意大利交互式森林——
　　　　　会发光的 IT 树

10.2.2 生态化原则

生态化倾向是21世纪的一个主流。步行商业街中注重绿色环境的营造，通过对绿化的重视，有效地降低噪声和废气污染。

10.2.3 要善于利用和保护传统风貌

许多步行商业街都规划在有历史传统的街道中，那些久负盛名的老店，古色古香的传统建筑，犹如历史的画卷，会使步行商业街增色生辉。在这些地段设计商业步行街时，要注意保护原有风貌，不进行大规模的改造。

案例

弗林德斯街区改造

位于澳大利亚汤斯维尔的弗林德斯街区原是一条普通的行人步行街道，如今Cox Rayner Architects建筑事务所要将其改造为一个交通枢纽街道。20世纪80年代，步行街道成为城市建设的一个潮流趋势，但位于汤斯维尔商贸区的这条步行街却始终没有给此区域带来预期的繁荣街景。

城市规划局并不仅仅是要将其作为一个交通枢纽中转站，而是想建立一个步行广场。为此，建筑师在此区域建立了一个平行于街区的线性场馆区域，这里设有剧院、咨询台、咖啡厅以及一些娱乐设施，经过此处的游客可以享受一些休闲时光。建筑师期望通过这样的一种设计，可以将行人与城市交通有机、和谐地联系起来。这样一来，此区域的人们既可以感受当地繁荣的经济发展，同时也可以感受到这一城市的历史文化变迁，城市的多面形象在这里得到了最好的体现。广场中采用了一系列可以彰显当地历史特色的建筑元素——高角结构、庇护遮荫棚、柔和的灯光和相关的装饰性材料的运用。为了满足当地人们的各种休闲娱乐需求，这一区域还特意增设了周末集市、户外电影节和一些社团活动等（图10-30）。

●图10-30　弗林德斯街区改造

10.2.4 可识别性原则

构成并识别环境是人和动物的本能。可识别的环境可使人们增强对环境体验的深度，也给人心理上带来安全感。通过商业步行街空间的收放，界面的变化和标志的点缀可加强可识别性。

案例

荷兰首座顶盖式食品市集住宅——鹿特丹市集住宅

食品是这座市集住宅建筑的核心要素。在这个挑高达40m的拱形结构之下，顾客可以在这里购物、吃饭，在露台上泡吧、居住和停车。市集住宅坐落于鹿特丹市中心的劳伦斯广场，近两年经过了重建，市集住宅的落成为劳伦斯广场注入更多的活力，使其成为鹿特丹市中心一片热闹繁华的街区。

市集住宅内聚集了80多个生鲜食品摊位和商铺，从鹿特丹当地的品牌到Schmidt Zeevis、Dudok、Fellini和华南行（Wah Nam Hong）这样名气响亮的大品牌商家。所涵盖的产品也更多元化：从海鲜到游戏，从卡布奇诺到奶酪，从中国制造到荷兰生产，从冰淇淋到当地特产，从特价优惠到高端餐饮，琳琅满目，数不胜数。

●图10-31　网格式单层玻璃幕墙　　　●图10-32　内拱面"丰收之角"大型壁画

　　为了吸引大量游客，建筑设计采用开放的形式。同时，为了保证防雨和防寒，拱形两向立面的开口需闭合，并采用网格式单层玻璃幕墙（图10-31）以保证最大程度的视觉通透。与网球拍的构造同理，幕墙采用预应力钢索编织而成的网状结构，玻璃板就悬挂在网格上面。这是欧洲范围内规模最大的钢索幕墙。

　　内拱面印着由艺术家Arno Coenen和Iris Roskam创作的"丰收之角"（The Horn of Plenty）大型壁画（图10-32），壁画面积达11000m²，堪称荷兰最大的艺术品。"丰收之角"采用超大图像显示市场上出售的产品，其中的花朵和昆虫则展示出荷兰自17世纪开始闻名于世的静物画特色。为了实现足够的清晰度，图像是由Pixar软件进行渲染并印刷在穿孔铝合金面板上，然后贴覆一层吸音板以控制噪声。这幅巨型喷画的打印分辨率相当于一本时尚杂志。

10.2.5 要创造轻松、宜人、舒适的环境氛围

　　商业步行街是人流相对集中的地方，人们出入于商场，忙于购物和娱乐，很容易产生心理上的紧张情绪，通过自然环境的介入，可以大大缓解这种紧张情绪，创造轻松、宜人、舒适的环境氛围。

案例

悉尼皮特商业步行街

皮特街购物中心大概是世界上商铺租金最贵的地方之一。过去的老旧街道终于在时代前进步伐中引来了被改建。改建旨在在悉尼的中心恢复城市设计、公共设施，提供超群绝伦的公共空间。设计主要着力于三个要素：铺装，街道家具，照明。每一个要素都简单，清晰，实用，内敛，优雅，坚固并且永恒，同时让人耳目一新。人们在这里能感受到平静，虽然地处喧闹疯狂之地，却依然应对自如，恰到好处。这是一个诗意的改造（图10-33）。

●图10-33　悉尼皮特商业步行街

10.2.6 尊重历史

最大限度保持自然形态，避免大填大挖，因为自然形态具有促进人类美满生存与发展的美学特征。

重庆百年老街弹子石老街

老街风情商业保持小体量高低错落的山城风味，新建的"老街"也将延续传统空间的尺度及建筑风格。老街处于弹子石老街风貌核心保护区域，从弹子石路蜿蜒而下直至法国水师兵营，以5～8m的小街道为主，建筑高度为1～2层，注重近人尺度的趣味营造，立面风格采用"重庆老街原始的老建筑提取元素，用现在的材料和手法营造"，营造成为新重庆的城市名片。

弹子石老街在沿袭原老街肌理的前提下，保护区用地面积不变，用地范围略向南偏。加上沿长江展开的老街风貌延续区，整个老街的沿江界面比以前宽，辐射面可扩大至渝中朝天门地区。

新的设计将赋予古老的风貌以新的内涵，旧时南岸的弹子石老街成为了重庆一条富有人文气质和怀旧情怀的老街，重现古时老街的繁荣面貌（图10-34）。

●图10-34　重庆百年老街弹子石老街

10.2.7 视觉连续性原则

商业步行街线形和空间设计具有从步行者步行的角度来看四维空间外观，且应当是顺畅连续的、可预知的线形和空间。

案例

比利时 Stationsstraat 商业街

　　Stationsstraat是圣尼古拉城市中心的商业街，它位于Grote Markt市场和火车站之间的中轴线上。此次街道景观设计的定位是将Stationsstraat改造成为城市中心购物区的中心骨干，使这条600m长、14m宽的街道成为城市绿色购物廊道。街道的铺地是采用精心挑选的四色花岗岩混合材质与青砖搭配，让使用者有舒适的感觉。如图10-35所示。

●图10-35　比利时Stationsstraat商业街

11
当代商业
设计新内涵

12
新零售催生出的
商业新形态

手机扫二维码
阅读第11章和第12章

参考文献

[1] 周洁.商业建筑设计.北京：机械工业出版社，2015.

[2] 刘秉琨.环境人体工程学.上海：上海人民美术出版社，2007.

[3] 周昕涛，闻晓菁.商业空间设计基础.上海：上海人民美术出版社，2012.

[4] 张俊杰编.大型商业建筑设计.北京：中国建筑工业出版社，2015.

[5] [丹麦]盖尔.交往与空间.第4版.何人可译.北京：中国建筑工业出版社，2002.

[6] 王先庆著.新零售——零售行业的新变革与新机遇.北京：中国经济出版社，2017.